好服务

GOOD SERVICE

黄蔚 —— 著

机械工业出版社
CHINA MACHINE PRESS

图书在版编目（CIP）数据

好服务 / 黄蔚著 . -- 北京：机械工业出版社，2025.9. -- ISBN 978-7-111-78822-5

Ⅰ. F274

中国国家版本馆 CIP 数据核字第 2025F710H2 号

机械工业出版社（北京市百万庄大街 22 号　邮政编码 100037）
策划编辑：华　蕾　　　　　　　　　责任编辑：华　蕾　吕　伟
责任校对：张勤思　张慧敏　景　飞　责任印制：常天培
北京联兴盛业印刷股份有限公司印刷
2025 年 9 月第 1 版第 1 次印刷
170mm×230mm・19.5 印张・1 插页・203 千字
标准书号：ISBN 978-7-111-78822-5
定价：79.00 元

电话服务　　　　　　　　　　　网络服务
客服电话：010-88361066　　　　机　工　官　网：www.cmpbook.com
　　　　　010-88379833　　　　机　工　官　博：weibo.com/cmp1952
　　　　　010-68326294　　　　金　书　网：www.golden-book.com
封底无防伪标均为盗版　　　　　机工教育服务网：www.cmpedu.com

赞　誉

产品是有形的,服务是无形的,体验是令人难忘的。好的服务不仅要创新流程,还要创造深入人心的体验。本书详细介绍了如何创造用户的新体验,这与海尔坚持的"人的价值最大化"的理念不谋而合。相信通过在书中汲取智慧,坚持以用户为中心,我们一定能赢得用户的信赖!

周云杰

海尔集团董事局主席、首席执行官

服务的质量在今天的商业竞争中至关重要。服务不是做表面功夫,而是要深挖用户需求,找到企业独特的"好服务",再通过体系化的方法打动顾客。本书用好服务的十大原则精准定位服务方向,借助 CBI 模型探寻创新点,还展示了 50 个好服务案例,为读者提供实战思路,帮助读者掌握打造好服务的关键。

刘润

润米咨询创始人

梦想，是前进的动力。《好服务》不仅描绘了一幅服务创新的蓝图，更通过精选的案例启发企业如何以用户洞察为引领，打造卓越的服务体验。在中国大力发展服务经济的今天，本书为企业提供了很好的向导。

秦朔

人文财经观察家、"秦朔朋友圈"发起人

黄蔚是一个有故事的性情中人，从好服务到好体验，再到好生活，她深入浅出的设计实践，值得细细品味！

封昌红

中国工业设计协同创新平台理事长、深圳市工业设计行业协会会长

黄蔚是我国服务设计领域最早的推动者和实践者之一。本书是黄蔚及旗下公司桥中多年服务设计实践的反思和总结，以大量鲜活的案例，深入浅出地解析了服务设计的价值。

胡飞

同济大学设计创意学院院长、上海国际设计创新学院院长

变革，是时代的主题。《好服务》不仅是一部服务管理的宝典，更是一部推动变革的行动指南。

忻榕

中欧国际工商学院（CEIBS）组织行为学教授兼副院长（欧洲事务），拜耳领导力教席教授，HEMBA、DBA 和 CCEMBA 课程主任

这么好的关于服务设计的书，有深刻的商业思考，有鲜活的案例，值得推荐！

王敏

上海创新创意设计研究院首席学术官、

中央美术学院设计学院前院长、

长江学者特聘教授

初读内容，作者从自身的服务设计者视角熔炼多年从业经验，深入浅出地解析"好服务"的含义，并总结真实商业案例，得出让人产生共鸣的服务设计方法论。

再次细细体会后，略有感慨，服务需要被关注，更值得被悉心设计，毕竟在 AI 时代，有温度的交流是尤为珍贵的。那些隐藏在消费行为背后，人们对于品牌体验与服务细节的真切互动、温暖感知，才是商业制胜的秘密，也是星辉闪耀、生生不息的人性光芒。

高亮

华中科技大学机械科学与工程学院教授

好服务是一个社会进步的象征，黄蔚的《好服务》为企业提供创造好服务的思考框架与实战指南，用 50 个好服务案例生动展示了服务创新的魅力。特别推荐给服务管理者。

陈威如

中欧国际工商学院战略学教授

"好服务的十大原则"不仅是服务管理的金科玉律，更是企业追求卓越服务的行动指南。结合桥中独创的 CBI 模型，本书提供了一套完整的服务设计方法论。我会带着我的小伙伴一起，用本书来指导我们的服务创新实践。

Sky 李晓峰

中国电竞第一人、钛度科技创始人

本书以鲜活案例揭示服务设计的灵魂——唯有守护核心价值，方能创造动人体验。作为教育公益从业者，我很认同书中的"好服务"理念：好服务不仅是标准化流程，更是对个体生命的尊重。推荐给所有在服务中追寻人文关怀的同人，让我们共同守护服务的初心——愿大家都被温柔以待。

潘江雪

上海真爱梦想公益基金会发起人

当胖东来以现象级的爆红普及了服务的力量后，大家更关注如何才能做好服务，而黄蔚及时将方法和案例呈现出来，幸哉！

杨泽轩

万商俱乐部创始人、

中国商业服务年度论坛发起人

读了黄蔚新作《好服务》一书，对书中阐述的服务设计实践及进一步的思考与理论总结，深感耳目一新。其观点"服务或产品的成功，不仅是依靠'规模化'和'标准化'，更重要的是那份让用户记住的独特价值——也就是'服务基因'"，对服务设计具有很好的启迪和理论指导意义。

> 宋慰祖
> 民盟中央文化委员会副主任，北京设计学会创始人、名誉会长，中国工业设计协会荣誉常务理事，工业设计高级工程师

《好服务》深入剖析了服务设计的核心逻辑，揭示了如何通过服务创新赢得用户的心。这是一本不可多得的实战指南，适合每一位追求卓越服务的设计师和管理者。

> 李践
> 上海行动教育科技股份有限公司董事长、管理畅销书《赢利》作者

《好服务》一书直击服务设计的核心矛盾：面对效率至上的规模化浪潮，如何保持独特性，让用户记住你的不同？黄蔚女士在书中提出了系统性的解决方案：以覆盖服务全链条的"好服务的十大原则"为战略方向指引，以 CBI 模型构建服务设计的整体框架，配合 50 个好服务案例展示实践路径，手把手教你打造差异化的服务体系，帮助读者快速找到属于自己的服务创新之路，以变制胜。本书不仅内容丰富，见解独到，而且对行业趋势有着深刻的剖析，无论专业人士还是商业领袖，都能从中获得宝贵的启示。

> 周令坤
> 德勤中国企业技术与绩效事业群全国主管合伙人

《好服务》深刻揭示了什么是"好"的服务，同时阐述如何将好服务植入企业的"基因"和"骨髓"，使其变成员工和客户共同的文化和信仰。书中案例精彩纷呈，极具实践价值！

俞熔

美年大健康产业（集团）有限公司创始人、董事长

什么是好服务？不在于规模化、标准化或个性化，而在于从心出发，从热爱出发，为客户创造价值，否则，再"好"的服务都会黯然失色。黄蔚用亲身经历的"开巴"酒吧的案例，鲜活地阐释了好服务的本质。又用结构化的思维剖析了好服务底层逻辑的各个方面，再辅以 50 个好服务案例，让本书成为所有服务业者的必读书，值得我学习、思考和践行。

贾波

上海德必文化创意产业发展（集团）
股份有限公司董事长

我们认为，客户第一的终极追求是我们可以为客户持续打造惊喜不断的五星级服务，而在二八定律下，20% 的关键需求的设计和交付才是决胜关键，《好服务》能帮助大家更好地理解服务设计的底层逻辑，而服务设计也会是每一个服务行业管理者的必修课。

向华

圣贝拉集团创始人兼 CEO

作为服务设计在中国从实践到理论的开拓者，黄蔚老师让众多企

业受益,林清轩就是一个服务设计受益者,我本人和团队把黄蔚老师的书作为重要的工具书,我曾多次参加黄蔚老师的线下课程,逐步理解了用户全生命周期的服务设计是多么重要。

孙来春

林清轩创始人

服务是供需者之间的联结,基于洞见,长于系统,设计入微,动态调整。点滴成书,实为难得。

袁岳

零点有数董事长

黄蔚的新作《好服务》堪称服务设计领域的集大成之作。真正优秀的服务设计是用"好服务"重构价值链,在用户心智中建立不可复制的溢价壁垒。提供独特的好服务是品牌灵魂所在,要靠创造性设计将用户的痛点变成记忆点,而不是套用标准化模板。失去品牌特色的规模化,终将沦为平庸的成本游戏。

李庆平

不方道健康科技(深圳)

有限公司创始人、CEO,

万物梁行前董事长、CEO

《好服务》不仅让我深刻理解了"好服务的十大原则",更让我看到了服务创新对企业发展的重要性。孚创团队也曾运用用户洞察和用户旅程地图来优化服务流程、提升用户体验。我们会持续用这套框架来指导服务创新实践。

刘霄

上海孚创实业发展有限公司总经理兼董事

在企业发展之路上,服务创新是助力企业持续攀升的核心驱动力。《好服务》以专业和深邃的视角,抽丝剥茧地剖析了服务的本质内核。它就像企业前行路上的一盏明灯,助力企业挖掘专属服务基因,引领企业稳健地踏上卓越服务的进阶之路!

王颖

瑞安房地产执行董事兼行政总裁

服务好,生意好。

黄锋

玩出梦想(上海)信息科技有限公司董事长

黄蔚老师在新作《好服务》中提到:好服务,不在于简单地学别人做了什么,而在于找到自己的"服务基因"。也正如她和我分享的修行感悟:"爱源于慈悲,而慈悲正是让别人做自己。"能不能成为更好的自己,关键看我们是否具备好的基因,这也是我认同的"好服务"。

从 2019 年开始,我拜读了黄蔚老师出版的每一部著作,也带着团队学习服务设计,因为我相信好的服务不仅需要好的基因,也需要好的设计。这几年,她和团队也成功地为我们打造了"爱护宁"照护品牌和"三度新生活"医院后勤服务品牌,其中爱护宁照护品牌的服务设计在 2024 年入围了 SDN 组织的全球服务设计大赛的决赛。目前，我们还在积极探讨爱护宁照护品牌的服务设计和品牌升级。

我是服务设计爱好者、学习者，更是实践者，特别推荐《好服务》给大家，你们值得拥有。

朱荣芬

广西新生活医养健康服务股份有限公司董事长

好的服务来自好的人。服务是用来成就人的，尤其是成就服务者自己。

庞小伟

联商网创始人

在这个体验为王的时代，《好服务》犹如一盏明灯，为服务设计领域带来系统化思考的范式。黄蔚女士以桥中独创的方法论为经纬，将冰冷的服务流程转化为有温度的情感联结。书中不仅构建了以客户为锚点的设计哲学，更通过触动人心的案例，揭示出服务设计的核心密码——在消费者旅程的每个触点播种同理心，用科学方法培育服务基因。当服务流程优化背后的人文关怀跃然纸上，我们终于理解：真正的好服务，是用系统思想编织的人性温度，是以专业工具实现的共情艺术。这本理论与实践交融的佳作，值得每位追求卓越服务的企业管理者置于案头。

王振涛

颐家（上海）医疗养老服务有限公司董事长兼总经理

作为一家科技公司创始人，我对本书满怀赞赏。书中对"好服务"关键定义的深刻阐释深深打动了我，其洞察力令人震撼。在服务设计领域，本书展现了卓越价值，通过好服务的十大原则明确定位，利用CBI模型解构流程，构建了全面的指导框架。50个好服务案例，涵盖智能化工具运用、跨界合作、线上线下无缝衔接及透明度融入细节，直击注意力碎片化与需求多样化的时代痛点，提供了极具实战价值的系统性指南。无论是重新划分用户群体，还是赋予"旧品牌"新生故事，每一个建议都充满前瞻性，启迪企业、释放潜能、引领未来。此书不仅是服务设计的宝典，更是创新者的必读经典，值得反复研读与实践。

范渊

杭州安恒信息技术股份有限公司董事长

前 言
揭开好服务的秘密

我和"开巴"的故事

我是这本书的作者黄蔚。如果用一句话来描述我自己,那就是——爱喝酒的服务设计师。

说起我最爱的酒,那肯定是比利时的精酿啤酒。可是想在国内喝上一口好精酿,可以说非常难。因此,我总爱开玩笑说,要是能在公司楼下开个酒吧,再在公司地板上挖个洞,接个大吸管直通楼下,随时都能喝上两口,那该多惬意啊。

没想到,2008年,这个玩笑变成了现实。我和我那位同样爱酒、懂酒的老公一拍即合,开了一家以我们儿子的名字命名的酒吧——"开巴",专门供应来自世界各地的手工精酿啤酒。

刚开业那会儿,真是挑战重重。

精酿啤酒口味小众,价格还偏贵,国内市场很少有人知道,精酿文化可以说是一片空白。而且相较红酒和白酒,精酿啤酒的保质期短，对存储和设备的要求高得多，库存管理也让人头疼。更别提和供应商谈判困难，运营管理难度大，再加上国内酒吧行业竞争激烈，周围的竞争对手个个都爱打价格战。

尽管困难重重，"开巴"硬是凭着一股韧劲和坚持，越做越红火。慢慢地，我们不仅吸引了大批忠实顾客，甚至还带动了一批精酿文化的爱好者，每开一家店，都能做到门庭若市，很多餐饮同行都直呼意外。"开巴"逐渐成为中国最有影响力的精酿啤酒酒吧品牌之一。没想到，连啤酒界的巨头百威英博都盯上了我们，最终以高价收购了"开巴"，这也成了百威英博在中国精酿行业的第一笔战略收购。

很多朋友曾经都问过我："'开巴'的成功秘诀是什么？"在我的上一本畅销书《服务设计》中，我详细讲述了我们经营"开巴"的点点滴滴，如果你感兴趣可以去看看。在我看来，"开巴"不仅仅是一个关于我曾经创办副业的故事，更是一次关于服务设计的 demo（原型）尝试。很多读者朋友也好奇，"开巴"被收购后怎么样了？别急，这背后的故事，我细细道来。

这次收购不是单纯的"大鱼吃小鱼"，百威英博的确有心想把"开巴"培育成一个中国本土精酿标杆品牌。它不仅保留了我们的原班人马，还请来了国际顶尖的设计团队，甚至还找来了纪录片导演，试图把"开巴"的故事打造成中国精酿的"名片"，并推向国际舞台。这些愿景，看起来美好又充满希望。

但现实并不像电视剧那般会随着剧本发展。随着"开巴"融入大厂体系，那些独一无二的"好服务"慢慢被稀释了。

这里所指的好服务，绝非传统服务表层的礼仪规范（如微笑露出八颗牙、鞠躬 90 度等），而是深入企业商业底层逻辑的战略性构建，如空间体验场景、产品定位、运营文化等。这些企业骨子里的"服务基因"，才是现代商业竞争中的高阶竞争力，是决定企业生死的软实力。

空间设计标准化了，原来灵活多变的空间布局，变成了统一的沙发卡座。

曾经，"开巴"里所有的椅子都可以叠起来堆放，整个酒吧可以随时"变身"。几百人的大型狂欢派对、几十人的团建聚会，甚至三五好友的小聚，这些需求都可以随时满足。更特别的是，有人甚至会选择在"开巴"求婚或者举行婚礼。这里不但是一个喝酒的地方，更是一个可以承载故事、创造记忆的自由空间。

然而，改造后的"开巴"，几乎所有的座位都变成了统一的沙发卡座，虽然整齐有序，但失去了原有的灵活性和可能性，更像是酒吧界中的星巴克，虽然看起来专业统一，但原来的那个"味道"不在了。

这种标准化的改变，不仅体现在空间上，也渗透到了运营管理中。

过去，"开巴"的店长拥有极大的自主权，他们可以根据具体情况来灵活决策，店内的顾客遇到任何问题，店长都能提供及时而贴心的服务。而被收购后，店长们私下抱怨道："换一个灯泡都要走两周的审批流程。"烦琐的流程不仅限制了店长的创造力，也削弱了他们与顾客之间的互动。面对问题时，店长变成了被流程束缚的"执行者"，这种转变，直接影响了顾客的体验。

更大的变化，发生在"开巴"的核心上。

曾经，"开巴"提供来自世界各地的百余种手工精酿啤酒，其中有60多种来自比利时，可以说是每一位精酿啤酒爱好者的天堂。然而，被收购后，"开巴"的啤酒种类锐减到20多种，且以百威系产品为主。

当然，我可以理解这种策略背后的商业逻辑：百威英博作为啤酒界的巨头，收购"开巴"这样的精酿酒吧，本身就是为了扩大其品牌影响力和市场份额，它肯定倾向于推广自己的产品，而不是继续销售"开巴"原本引进的来自世界各地的手工精酿啤酒。这样做可以更有效地利用百威英博的品牌资源和市场渠道，实现品牌整合与市场推广。

但这种策略的后果显而易见。一方面，那些习惯于在"开巴"探索新奇口味的啤酒达人，开始感到失望；另一方面，"开巴"原本以"全球精选"著称的品牌特色，也逐渐被削弱。对很多老顾客来说，这样的"开巴"已经不再是他们熟悉的地方了。

后来，"开巴"的门店数量的确翻了一倍，似乎证明了某种"成功"。然而，表面的扩张并没有带来内在的成长，缺乏灵魂的服务很难持续吸引忠实用户。最终，很多门店还是走向了关门的命运。

"开巴"的很多老朋友曾经给我发信息说："可惜了，再也找不到以前那种感觉了。"这话让我百感交集。那些改变并不是刻意要把"开巴"搞砸，但确实在无形中夺走了"开巴"原来的魅力和竞争力。

服务或产品的成功，不仅是靠"规模化"和"标准化"，更重要的是那份让用户记住的独特价值——也就是服务基因。一旦这些独特的价值被稀释，即使拥有再多的门店、再大的规模，也难以重新打动人心。

创造属于自己的好服务

这本《好服务》不只是我对"开巴"故事的反思，更是献给每一个关心服务本质的人的一次提醒：好服务的核心，不在于外在流程和规范的堆砌，而在于企业骨子里的文化、价值观和运营哲学。当一家企业的服务基因被外界的标准化流程所稀释，或者被追逐短期利益的策略所扭曲时，这家企业的灵魂也会渐渐消失。

曾经的"开巴"因为灵活、个性化的服务而吸引了无数精酿啤酒爱好者，但在规模化的进程中，那些原本被人记住的细节模糊了，品牌的独特魅力也随之黯淡。

这不仅是"开巴"的遗憾，也是许多企业在追求快速扩张时面临的共同挑战——在扩张的过程中，企业需要效率和规模化，但如果失去了品牌最初的服务基因，用户最终还是会流失。

好服务，不在于简单地学别人做了什么，而在于找到自己的"服务基因"，从中创造出专属的体验。好服务基因模型展示了从定义服务特质到创造美好服务的三个步骤（见图0-1）。

- 第一步：了解好服务有哪些原则，诊断现有的服务体验，选择和定义适合自己企业的显性服务基因和隐性服务基因。
- 第二步：知道我的用户要什么，我的企业文化能支撑什么样的服务，探寻企业自身服务基因中的优势和缺陷。

- 第三步：创造与众不同，且与企业服务基因一脉相承的服务，将自身服务基因的优势最大化。

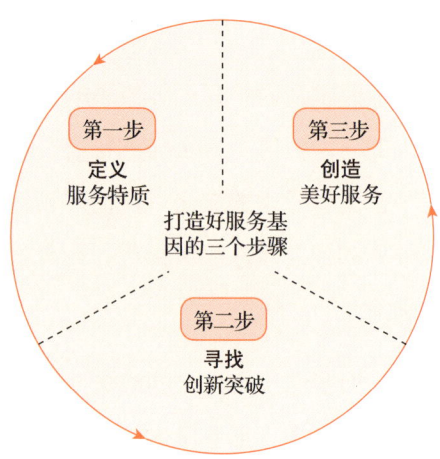

图 0-1　好服务基因模型

这三步看似简单，但要真正走好这三步，企业需要深刻理解用户需求和自身特性。接下来我将通过三个篇章，即分析好服务的十大原则、拆解服务创新的方法论、展示好服务的实践案例，带你找到属于自己的"好服务基因密码"，并最大限度地发挥优势。

第一篇，用十大原则，找准你的服务定位

我分析了全球好服务案例，以及我和上海桥中设计咨询管理有限公司（以下简称桥中）团队多年来的真实体验和客户合作经验，总结出好服务的十大原则，帮助企业诊断现有服务体验，识别自身的显性服务基因（用户能直接感知的亮点）和隐性服务基因（支撑服务质量的基础保障）。同时，我研发了企业服务基因类型库，将企业划分为

五种类型，帮助企业基于品牌定位和用户需求，选择适合的服务风格，打造独特的竞争优势。

第二篇，借助 CBI 模型，寻找服务创新的突破点

本篇深入拆解 CBI 模型（customer insight 用户洞察、brand experience 品牌体验、internal process 组织变革），这也是我们引入国际先进的思维框架，并在长期的本土化实践中不断打磨，最终沉淀出的一套适用于中国市场的服务设计方法论，可以帮助企业在"发现用户需求"到"优化服务落地"的过程中，从多个角度拆解自己的服务现状。我还提供了智能伙伴——"凯西姐"AI 智能体，帮助你一起探寻服务的薄弱点和突破点，找到最需要优化的方向。

第三篇，展示 50 个精选案例，点亮你的灵感

我精选了 50 个实打实的好服务案例，每个案例都是一个独立的服务创新故事，提供可落地的实践经验。我还准备了一份好服务案例库玩法指南，无论是个人独立思考，还是团队协作共创，都能借助这些案例激发灵感，提炼符合自身需求的创新方案，让你的服务价值最大化。

与其盲目跟风，不如从自身出发，找到并强化属于自己的服务基因。毕竟，好的服务不靠复制，而是靠创造。那些能深入人心的服务，背后往往有着强大的内核支撑，而这种内核，就像企业的遗传基因，决定了它能否在市场竞争中生生不息。

目 录

赞 誉

前 言

PART 1 **第一篇　好服务的十大原则**

原则一：好服务，理解用户习惯 / 3

原则二：好服务，管理用户预期 / 13

原则三：好服务，容易触达用户 / 23

原则四：好服务，包容多元用户 / 34

原则五：好服务，清晰传递价值 / 42

原则六：好服务，保持服务一致 / 54

原则七：好服务，把握服务节奏 / 66

原则八：好服务，把事落到实处 / 78

原则九：好服务，鼓励人人有责 / 88

原则十：好服务，适当使用减法 / 98

总结 / 112

PART 2　第二篇　寻找创新突破点：CBI 模型

C——customer insight，用户洞察　/ 123
B——brand experience，品牌体验　/ 139
I——internal process，组织变革　/ 153
"凯西姐"帮你玩转 CBI 模型　/ 164

PART 3　第三篇　50 个好服务案例

好服务案例库玩法指南　/ 172

案例 1：航旅纵横
用 Emoji 连接飞行体验，化解邻座难题　/ 176

案例 2：盒马鲜生
用色彩标识新鲜度，明确服务承诺　/ 178

案例 3：喜茶
咖啡因亮起"红绿灯"，用户选择不犹豫　/ 180

案例 4：小罐茶
颠覆传统售卖方式，让价值一目了然　/ 182

案例 5：西贝莜面村
时间的"对赌"，让等待变得可掌控　/ 184

案例 6：Too Good To Go
一袋"惊喜"，化解食物浪费的难题　/ 186

案例 7：始祖鸟
保姆级售后服务，让旧衣"焕"新衣　/ 188

XXI

案例 8：PullTag™
从混乱到高效，分诊标签让救援快如闪电 / 190

案例 9：海底捞
演唱会结束后的神秘大巴车，实现快乐双向奔赴 / 192

案例 10：上海博物馆
奇"喵"夜，与爱宠一起开启博物馆之旅 / 194

案例 11：Jellycat
沉浸式"过家家"，玩偶治愈"不开心" / 196

案例 12：亚朵酒店
酒店里的购物体验，打造品牌的第二增长曲线 / 198

案例 13：蔚来汽车
随叫随到的"移动车间"，让出行更安心 / 200

案例 14：玉佛禅寺
从传统到温暖，宠物友好让寺庙焕发新魅力 / 202

案例 15：Keep
从门外汉到健身达人，定制计划让运动轻松上手 / 204

案例 16：肯德基
美食快车道，全球轻松取餐 / 206

案例 17：卡塔尔航空
AI 奇遇之旅，让每位旅客做自己的主角 / 208

案例 18：腾讯地图
夏日"吃瓜神器"，一场地图上的双向奔赴 / 210

案例 19：GXG
入住即可"换装"，差旅衣物不再愁 / 212

案例 20：超级猩猩
随走随练，让健身如点餐般轻松 / 214

案例 21：Station of Being
公交车站化身"避风港"，让等车成为一种享受 / 216

案例 22：联合利华
洗衣习惯大转变，只需一喷，旧衣变新衣 / 218

案例 23：TOMS
让买鞋这件小事，成为善意的延展 / 220

案例 24：极飞科技
无人机服务进农田，打药如打车般便捷 / 222

案例 25：江南布衣
精心布局深度会员体系，半年吸金 5.7 亿元 / 224

案例 26：万科
知道用户卡在哪儿，"小白"也能变专家 / 226

案例 27：饿了么
无障碍沟通平台，助力听障骑手融入职场 / 228

案例 28：宜家
无文字说明书，冲破语言障碍，通行全世界 / 230

案例 29：DogHouse 酒店
沉浸式精酿体验，让你从睁眼喝到闭眼 / 232

案例 30：Warby Parker
线上线下无缝衔接，重塑眼镜购物体验 /234

案例 31：林里
一杯茶一只鸭，"丑鸭"文化搅热茶饮市场 /236

案例 32：人民药房
"快慢分流"新动线设计，购药体验全面升级 /238

案例 33：Oma's Pop-Up
用食物搭起两代人的桥梁，让独居老人不再孤独 /240

案例 34：Freitag
货运自行车租赁服务，重新定义城市生活 /242

案例 35：詹姆斯酒店
墨镜租赁服务带来便利体验 /244

案例 36：ROG（玩家国度）
信仰加持，开机仪式点燃电竞激情 /246

案例 37：茶颜悦色
拆分排队流程，改善排队体验 /248

案例 38：胖东来
让顾客的建议，一天就变成行动 /250

案例 39：海尔 Leader
从听用户的"劝"，到与用户共创 /252

案例 40：闲鱼
AI 小帮手，让个人卖家"轻松上阵" /254

案例 41：脑白金
跨界"养生咖啡"撩动年轻人 / 256

案例 42：优衣库
从糟心到"丝滑"，自助结账让你爱上买单 / 258

案例 43：多邻国
用游戏"骗"你上进，语言学习也能"上瘾" / 260

案例 44：美国航空
轮椅"门到门"无缝体验，赶飞机不再有压力 / 262

案例 45：Catit
全方位专业指导，美食餐厅教你"出片" / 264

案例 46：爱护宁 +
让服务"看得见"，每一步都有迹可循 / 266

案例 47：Float For Good
让存款不只是存款，每一分钱都发挥公益价值 / 268

案例 48：大兴机场
简化每一步，让登机体验"零负担" / 270

案例 49：飞利浦 Lumea
降低尝试门槛，打消用户购买顾虑 / 272

案例 50：Musgrave
家长 VIP 时间，解放带娃父母，刷新购物体验 / 274

附录　50 个启发性思考题 / 276
后记 / 280
致谢 / 283

PART 1

第 一 篇

好服务的十大原则

Good Service

第一篇

在当今竞争激烈的市场中，提供好服务不仅是一个企业的竞争优势，更是其与用户建立长久关系的基石。然而，好服务究竟是什么？为什么有些企业的服务能够深入人心，而另一些却如同过眼云烟，难以留下任何印记？

这让我开始思考，有没有一种方法，能帮助企业更好地理解和提升服务质量。因此，我和团队分析了全球好服务案例，汲取了无数企业在实践中的真实经验，其中也包括我和很多亲友体验过的好服务，以及我们与客户合作时发生的故事。

在这个过程中，我发现，那些能让人记得住的好服务，并不止于表面的流畅与贴心，其背后蕴含着企业独特的服务基因，也就是影响用户体验的关键要素，我进而提炼和总结了"好服务的十大原则"。这些原则不仅涵盖了从服务流程到用户体验的各个维度，为企业提供可操作的服务管理框架，还可以帮助企业识别和强化自身独特的服务基因，去创造属于自己的好服务，创造那些让用户难以忘怀的时刻。

让我们用看得见的好服务，解构看不见的服务基因，共同创造打动人心的服务体验。

原则一：
好服务，理解用户习惯

这一原则的核心在于理解用户，而不是企业自身的意图。

符合该原则的企业在理解用户的使用行为和生活习惯的基础之上，满足用户内心的真实需求，让用户不仅是服务的接受者，更是服务创造的参与者。

通过强化这一原则，企业可以提升用户的参与感和归属感，同时增强服务的创新性和灵活性。

很多人可能觉得，要弄清用户想要什么并不难。我想分享一个我们与一家为中国农村地区提供白内障医疗服务的非营利组织合作时发生的真实故事，你可能会从中感受到，**用户需求不是显而易见的东西。**

白内障是全球首要的致盲原因，但它的治疗其实并不复杂，通过手术，大多数患者都能恢复视力。很多人可能会认为白内障患者想要的无非是手术的一切手续都被高效安排好，自己能快速康复、尽早出院。但真的仅仅是这些吗？

据中华医学会眼科学分会统计，我国60岁至89岁人群白内障发病率是 80%，而 90 岁以上人群白内障发病率达到 90% 以上。但目前我国每年白内障手术治疗量只有约 400 万例。换句话说，每年有数以百万计的患者，尤其是农村地区的老年患者，生活在明明可以治愈却始终没有去治疗的"黑暗"中。

很多人可能会推测，问题出在贫困和医疗资源不均上。这听起来是个再合理不过的解释——农村地区缺乏专业医生、手术费用高昂、患者支付不起……然而，当我们希望帮助这些患者重见光明时，现实却给了我们一个出人意料的答案。

尽管这家非营利组织提供了完全免费的手术和接送服务，服务地区接受手术的患者比例却只有 35%。这其中到底发生了什么？

看不见的世界里，有一堵"隐形的墙"

我们带着疑问，在该组织提供服务的村庄展开了为期 8 天的实地调研，逐村科普，并陪同患者进行筛查。调研的过程让我们逐渐明白，问题的根源并不完全是"贫困"或"医疗资源短缺"，真正阻碍这些患者的是一堵"隐形的墙"。

大多数患者别说接受手术，让他们走到筛查车前，都很艰难。很多人可能会疑惑，这不就是几步路的事吗？

很多时候，筛查车早早停好，等了半天却只等来几个人。我们经过走访才发现，原来不同村庄农忙的时间不同，筛查的时间可能和他们去地里干活儿的时间冲突了。即使喊破嗓子告诉他们"眼睛比庄稼重要",也没什么用。

让我们印象深刻的一次对话,是和一位年过七旬的大爷的交谈。他不太会说普通话,语气里满是防备,他让一位年轻人帮忙"翻译",问我们:"你们怎么保证这个手术能治好我的病?"

大爷的担忧并不是个例。农村的白内障患者大多是留守老人,面对陌生的医疗团队和他们听不懂的专业术语,手术的风险被无形中放大,甚至因为语言不通,他们在整个过程中感觉自己像是在"被操作",这种不信任感,导致他们不愿进行筛查和治疗。

更让人揪心的是,很多留守老人害怕一旦手术,自己会拖累孩子,而且身边也没有人照顾,所以他们宁愿拖着病痛生活,而不是"赌一把"。

我们逐渐明白,治病本身并不是最难的部分,难的是打破"隐形的墙"——重建患者的信任,打消他们心中的顾虑,帮助他们踏出第一步。对于这种情况,**强硬灌输概念或逼迫改变习惯只会适得其反,这时需要顺势而为,让用户更容易接受我们的服务。**

顺势而为,打破"隐形的墙"

为了打破这堵"隐形的墙",我们调整了策略,采用了更为"柔性"的方式。

我们挨家挨户沟通,重新规划了筛查时间和路线,尽可能避开农忙时间,并提前通知了接送时间。我们甚至选择了一些老人的必经之路停靠筛查车。这样一来，筛查车不再是村口那个"让人无暇光顾的陌生车辆"，而成了他们回家路上的一个停顿点。

我们也意识到，如果只是灌输医疗科普知识，远远不够。我们邀请已经成功手术的患者，用接地气的方式现身说法："做完手术之后，我又能照顾我孙子了。"这种同村老人手术成功的故事，比千篇一律的宣传更具说服力，也更容易帮助患者克服对手术的恐惧。

而且，我们从第一次筛查起，就鼓励家中的年轻人陪同老人到场。家人的陪伴不仅能为老人提供心理支持，还能加快后续的决策过程。

经过半年的努力，当地患者的筛查率和手术率近乎翻倍。更重要的是，患者和家属对该非营利组织的信任不断积累，一个个家庭更是因此改变了命运。

这次的调研也让我们审视了设计好服务的第一步：了解你真正的用户是谁。不同的服务定位不同，用户群体也各不相同。而用户不同，意味着行为特点、心理需求和习惯的差异（需求不同、行为不同），这些都将直接影响你如何为用户提供服务（服务不同）（见图 1-1）。

这不仅仅是简单的用户调研，而是深入用户洞察的过程——从他们的日常习惯到行为模式，从文化背景到心理依赖，需要结合具体场景进行分析，才能将这些洞察转化为切实可行的服务改进方案。

就像对于当地患者，能让他们重新看见这个世界的解药，不只是免费的医疗资源、极致高效的服务流程，而是踏出第一步的勇气。而这份勇气，需要通过同理心和深度连接——真正从他们的处境和状态出发，理解他们的生活困境和心理障碍——才能赋予他们。

图1-1　用户服务阶梯

这段经历让我更加确信，好服务，不直接改变用户，但能帮助他们改变自己。

难以复制的，是"你懂我"

在这次的项目中，发生了很多让人触动的故事。其中，最让我们难以忘怀的是一位独自带孙子的老奶奶。在她的眼睛被治愈的同时，我们也看清了服务的真正意义。

这位老奶奶是一个典型的农村留守老人，儿子和儿媳都在外打工，家中的重担落在了她一个人身上。她每天不仅要照顾孙子，还要操持家务，生活虽然忙碌但总归平静。

然而，白内障打破了这一切。她的视力急剧下降，甚至几近失明，这让她无法继续日常的劳作。更糟的是，她无法再像往常那样照料孙子，儿媳不得不辞工回来帮忙，整个家庭的经济重担也因此落在了儿子一个人身上。老人因此陷入自责和消沉，家庭氛围一片低迷。

我们用了很长时间和她沟通，听她讲述心中的顾虑与恐惧。在我们的努力下，老人接受了手术。重获光明的她不仅能重新照顾孙子，还开始做手工赚些零花钱，缓解家庭的经济压力。最让我们动容的是，她的精神面貌从此焕然一新，整个家庭的氛围也随之改变。而老人也愿意主动为我们做宣传，将自己的故事分享给其他患者，鼓励他们接受手术。

一次医疗服务不仅治好了一双眼睛，更驱散了一个家庭的阴霾。这让我看到，医疗服务的价值，不只是救治患者，更在于理解患者背后的生活和情感需求，进而帮助他们跨越重重阻碍，重拾对生活的掌控感。

你有什么不重要，用户要什么才重要。用户并不拒绝新事物，但前提是新事物能让他们感觉到被理解、被尊重。就像这位老奶奶，她真正害怕的并不是手术本身，而是为家庭带来更大的负担。如果只是一味地强调技术有多先进，而不去倾听她的顾虑、解决她的担忧，可能她永远也不会迈出这一步。

难以复制的，不是服务的创新点，而是"你懂我"。如果你真正了解用户是谁，尊重他们的行为和习惯，这将是难以被复制的"差异化"，你的服务不仅会被接受，甚至会被主动分享和传播。

不靠新招，靠"心"招

很多时候用户信任你的关键，往往是一些温暖人心的小细节：电梯里的延迟关门按钮，满足了需要更多时间进出的用户；银行设置的安静等候区，为焦虑的用户提供放松的空间，提升了整体体验。因为有些深深嵌入日常生活的用户习惯，可能细微到连用户自己都察觉不到，而你不仅发现了，更在此基础上对服务进行了改变和优化。

我的一位同事常年出差，住过不少酒店，体验过各种高档服务和别出心裁的设计。但他告诉我，让他印象最深刻的，是一家看似普通的小酒店。它的服务并不奢华也不新奇，反而非常朴实无华。我问他："那你为什么喜欢这家酒店？"他和我讲述了他的经历。

流程之上是温度

许多酒店都有一个行业标准：打扫房间时，在被子上折一个角，方便客人掀开盖好。第一晚入住时，这家酒店的服务也不例外，被子的角规规矩矩地折在了右边。可同事习惯睡在左侧，于是在入睡前，他随手把被子调成了左侧折角。

本以为这只是件无关紧要的小事，但第二天，当他回到房间时，发现被子的角已经折在了左边。那一刻，他有一种"怦然心动"的感觉：服务人员注意到了我的小习惯。

这家酒店的服务人员并没有机械地重复标准流程，而是留意到了他的小习惯，并主动做出了调整。

洞察未曾开口的需求

还有一件让同事更感动的小事。

他睡不惯酒店的枕头,每次都会将浴巾卷成一条来替代枕头。多年下来,从未有任何一家酒店关注过这个细节。但在这家酒店,第二天他回房时,发现床上多了一个护颈分区枕头。枕头旁还放了一张小纸条:"愿它能为您带来好梦。如需其他服务,请随时致电前台,我将第一时间为您服务。"

那一刻,他内心的感动是无法用言语来形容的。在他看来,那些酒店天天送小零食、伴手礼的服务,都不如这个细节来得实在。

为什么这么说?并不是因为这个枕头有多贵,而是服务人员洞察了他的隐性需求,提供了"我想要但没说出口"的帮助。这种服务(见图 1-2),比所谓的小零食、伴手礼更走心。

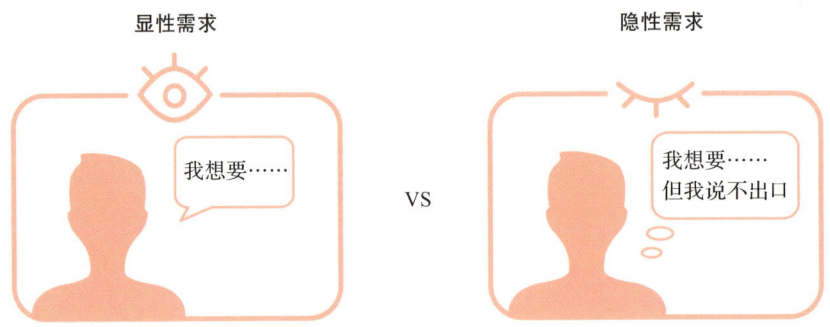

图 1-2　显性需求 vs 隐性需求

灵活调整规则,让人安心

直到同事要退房,这家酒店也依然没有让人失望。

大多数酒店都实行中午 12 点退房的规定，而同事的航班是晚上，如果他中午退房离开，就得拖着行李箱去机场干等一下午。于是同事把自己的情况告诉了前台工作人员，并问道："我能不能把行李先放在前台，我去外面逛逛，下午再过来取？"

结果对方告诉他，酒店并没有设置严格的退房时限。也就是说，同事可以一直休息到下午，等到该出发去机场时再退房离店。同事好奇地问前台工作人员："为什么你们不像其他酒店一样，强制客人中午 12 点前退房？"

对方坦然地回答道："我们研究过客人的行为习惯，发现绝大多数客人会在上午早早退房离开。只有少数客人，因为行程原因需要下午退房。既然大部分房间中午前就会空出来，为什么还要让少数客人遵守不必要的规定呢？"

这个回答不仅让同事，也让我心悦诚服。这家酒店真正站在用户的角度，灵活调整服务规则，既提升了房间的使用效率，又避免了客人的不便。

不随意而为，却温暖入心

我们一直在提倡"人性化服务"，可是什么才是"人性化"？很多企业认为创新就是人性化，出各种新招为用户制造惊喜，甚至打破用户的固有习惯。

可是人们在就餐、住宿、理发等场景下，往往已经拥有固定的习惯或心理预期。一旦产生习惯，改变习惯将产生很大的学习成本。如果不能充分理解并尊重用户的这些习惯，服务创新可能会变成一种高风险尝试。不但不会为用户带来便利，反而会造成不适，引起强烈反感。

"无意识"设计大师深泽直人就曾提出，"将无意识的行动转化为可见之物"。这里的"无意识"不是指无所作为，而是不随意而为，也就是在理解用户的使用行为和生活习惯的基础之上，满足用户内心的真实需求，提供用户感觉舒适自然的服务，达到"无为而无不为"。

这家酒店的服务让人感动，正是因为其在无声处让人心动的细节：

- 折被角的细节，体现了这家酒店不是简单地重复流程，而是主动调整，满足个性化的需求。
- 护颈枕的贴心安排，展现了这家酒店不是等待用户提需求，而是留心观察并提前解决。
- 退房制度的灵活调整，彰显了这家酒店不是盲从行业惯例，而是根据实际情况优化服务规则。

每个细节虽小，却让人感觉比在家还温暖，让人感到自己被看见、被理解、被重视。这种情感联结，比任何明码标价的礼物都更让人难以忘怀。

服务不在于花哨，而在于懂得。当你提供的服务能让用户在习惯的轨道上感受到不经意的温暖，比如发现自己的需求在无形中被满足，甚至连自己没想到的细节都被贴心照顾，那一刻，你的服务会真正打动人心。

原则二：
好服务，管理用户预期

这一原则的核心在于设定合理的期望并确保这些期望得到满足。

符合该原则的企业在用户提出需求时，能及时做出响应，防止用户感到等待过久或服务不到位，从而影响他们的预期体验。同时，企业也会让用户对服务的内容、流程、时间和价格等有清晰的了解，避免因为信息不对称而产生误解或不满。

通过强化这种原则，企业可以确保用户的预期与实际体验保持一致，从而避免失望或不信任。

丽思卡尔顿酒店创始人霍斯特·舒尔茨在分析了成千上万条的客户反馈之后指出，无论哪个领域的服务对象，都有三个期待：第一，产品无缺陷；第二，及时性；第三，尊重顾客。这三点听上去简单，却是好服务的立身之本。

但很多人可能也会因此犯难，如果做不到怎么办？毕竟，哪怕是严格执行指令的机器人，也不可能做到零失误，更何况是活生生的人。如果某些环节出现问题，用户就一定会不满吗？其实未必。有时候，影响用户感受的原因，不是某一刻的瑕疵，而是没有管理好他们的预期。

记得有一次，我们举办了一个午间分享会，参与的同事提前点了外卖，确保能在分享开始前就吃完饭。有位同事专门点了一家宣传"30 分钟就能送到"的比萨，想着能赶在活动前吃完饭。

但是当天下着大雨，路况不是很好，30 分钟过去了，比萨仍不见踪影。她拨通了骑手的电话，对方只是抱歉地表示："路上堵车，麻烦再等一会儿。"等到骑手终于送到时，比萨已经凉透了，而同事也已经饿着肚子听完了分享会，当时她一气之下给了这家比萨店差评。

事后聊起来，同事说等待本身不是问题，真正让她生气的是感觉"自己被骗了"。她说自己完全能理解骑手，午间是外卖高峰期，再加上天气不好，迟到无可厚非。但商家没有履行对她的服务承诺，造成了实际体验和心理预期之间的落差。

在服务无法达到用户心理预期的时候，如果能及时沟通真实情况，哪怕结果稍微逊色一些，用户的包容度往往会比想象中的更高。就像这个商家，如果能在同事下单时告诉她"天气不好导致交通拥堵，无法在 30 分钟之内送达"，她或许会选择另一家餐厅，又或者会调整自己的用餐时间，而不会干等一中午，最后给商家差评。

服务承诺，一把双刃剑

服务承诺，听起来像是企业对用户的一句简单诺言，但实际上，它是一种双向约定。一方面，它能降低用户的风险感，让他们感到"放心"；另一方面，它也是企业用来建立品牌形象和实现差异化的重要手段。比如上文中比萨店承诺"30 分钟就能送到",再比如汉普顿酒店提出的"100% 顾客满意保证制"的服务承诺等。

但任何对用户的承诺都是一把双刃剑,因为其背后是成本风险。它既可以成就一家企业,也可能成为毁掉它的导火索。尤其是当企业为吸引用户而过度承诺,却没有足够的能力去兑现时,用户的期待就像被吹大的气球,一旦破灭,反噬的威力会非常大。

最常见的就是有些电影为了吸引观众走进电影院,宣发时用各种"炸裂""神作"这样的字眼,把观众的期待拉得很高。结果观众满怀期待地坐在影院里,却发现预告片就是整部电影的"巅峰"。

这种落差让观众觉得自己被"诈骗"了,于是社交平台上吐槽声四起,"烂片"标签铺天盖地,影片口碑迅速崩塌,票房也因此一路下滑。即便影片本身并没有那么糟糕,也因为过高的预期"翻车"了。

其实,不只是电影,所有领域的服务都面临类似的风险。过度的承诺,不仅会让用户体验失控,还会让企业在履行这些承诺时承受巨大的成本压力。相比之下,合理且适当的服务承诺,既能让用户感到满意,也能在不可控的意外发生时为企业保留缓冲空间。

如果比萨店承诺"40 分钟送达",那么顾客就不会认为应该 30 分钟内送达;如果比萨店承诺晚 20 分钟送达可以打 7 折,顾客就不会因为晚送到 20 分钟而给差评。

如果你是一家外卖平台的负责人,服务承诺是"全城最快配送"。为了达到这个标准,你可能会投入大量资源,招募更多骑手、优化配送路线。然而，用户真的只在意速度吗？

很多用户或许并不在意绝对的"最快"，而更关注配送时间的稳定性。如果他们下单后看到提示"预计送达时间为 30 分钟"，并且每次都能按时收到外卖，他们会很满意。但如果有时 15 分钟就送到了，有时却因路况不佳而超时，用户反而会失望。

这其实是一个有趣的现象：用户未必只在意"最快""最好"，他们更在意"可控的稳定体验"。一味追求极致的速度，偶尔能带来惊喜，但一旦出现偏差，失望感会成倍放大。而那些承诺合理且稳定的服务，即使没有惊艳感，也能让用户安心且满意。

服务承诺就像拳击场上的一拳，用力打出一拳很容易，但收放自如才是技术的体现。服务承诺不是用来取悦所有用户的，而是通过理性的设计和真诚的态度提供适度的服务。那些设定在"用户需求"和"企业能力"交集中的承诺，保护的不仅是用户体验，也是企业的长远发展。

服务失误不一定是坏事

服务出现失误，真的一定是坏事吗？有学者提出过一个有趣的观点：当服务出现失误时，如果企业能快速且有效地解决，用户满意度甚至可能高于那些从未经历过任何服务失误的用户（见图 1-3）。

这种服务补救不仅能挽回局面，有时还能为用户带来意外的惊喜和信任感。

原则二：好服务，管理用户预期

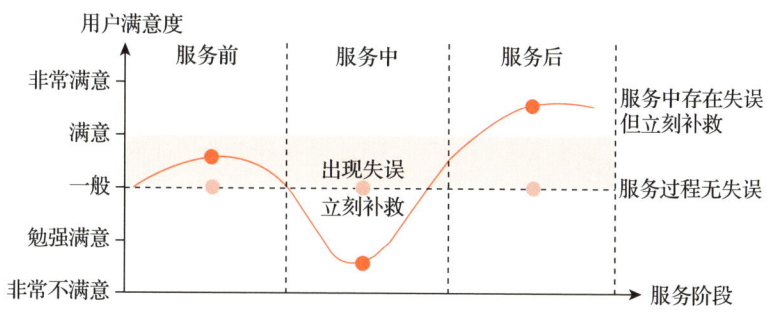

图 1-3 用户满意度曲线

朋友曾经去一家餐厅吃饭。这家餐厅环境非常好，服务员也热情周到，给她的第一印象非常好。然而，在上菜时出了一个小问题：她点了一份特制牛排，菜单上明明写着"七分熟"，但送上来的牛排却是几乎全熟的，口感和她的期待大相径庭。

于是，朋友叫来了服务员，说明了情况。这位服务员既没有敷衍，也没有推卸责任，而是非常诚恳地道歉。他不仅承诺会立即重新制作一份牛排，还主动提供免费的饮品作为补偿，并感谢朋友的耐心。他的态度不卑不亢，没有让朋友感到"麻烦了他们"，反而显得专业又贴心。

最让朋友惊喜的是，新的牛排不仅完美地达到了她想要的七分熟，主厨还亲自出来道歉，并解释前一份牛排可能是因为沟通不当而导致了失误。他还另外送上了一份小甜点，作为对朋友不愉快用餐体验的补偿。

后来，当其他人问起朋友对这家餐厅的评价时，她根本没有纠结于服务失误，反而津津乐道地分享他们如何迅速且妥当地解决问题，如何让她从失望到惊喜。朋友对他们的服务态度赞不绝口。

后来，我了解到这家餐厅的服务理念："服务不是要避免一切问题，而是用恰当的方式解决问题。"这家餐厅深知，服务中难免有失误，但如果在问题发生后展现出真诚、负责的态度，用户会觉得自己被重视和尊重，哪怕服务本身并不完美，体验却可能因此升华。

服务补救不仅是企业挽回局面的一种方式，更是其与用户建立更深信任的机会。很多时候，用户看重的不是企业从未犯错，而是当问题出现时，自己能被用心对待。

过程有时比结果重要

试想一下，如果一位患者神情焦急地问医生："我的病能治好吗？"医生只是轻描淡写地回答："我们会尽力而为。"表面上，患者可能会点点头，但内心却未必踏实。

这样的回答留给患者太多不确定性，他可能开始幻想最好的结果，甚至期待奇迹发生。然而，如果治疗结果未能达到他理想中的效果，这种心理落差会迅速转化为失望，甚至变成对医生的责备。

如果医生耐心地向患者解释："这个病需要较长时间的治疗，目前我们有一定的方案，但完全治愈的概率可能只有50%。不过，通过坚持治疗，我们可以显著缓解症状，改善生活质量。"这样的沟通方式可能会让患者的情绪更加平稳，因为他不仅了解了治疗的难度和现实情况，也对未来有了一个合理的期待。虽然结果没有改变，但预期管理可以让患者从焦虑转为理性接受。

在服务场景中，类似的预期管理同样适用。

这几年，演出市场持续火热，很多演唱会门票"开票即秒光"，比春运火车票还难抢。很多人或许有过这样的抢票经历：定好闹钟，找到网络信号最佳的角落，只见抢票页面显示"有票"，觉得自己十拿九稳，然而屏气凝神，无数次点击和刷新之后，屏幕上却是"售罄"的字样。这种落差感会让很多人从期待直接转向愤怒，心想："到底有没有票？"

而如果平台在抢票页面标注"当前成功率约为 30%"，用户就会调整自己的心理预期，即便最终没抢到，也会觉得这是正常情况，不会把负面情绪指向平台。

这背后的逻辑很简单：当用户知道服务的可能性、局限性和实践成本后，他们会对自己的选择更有掌控感，心理上也会更容易接受结果。

就像前文同事的经历，商家承诺 30 分钟内送达，她满怀期待地等着，结果 40 分钟之后还没到。如果下单时，商家能立刻提示"由于天气恶劣，当前交通拥堵，预计送达时间 50 分钟"，同事可能会换一家配送更快的餐厅，或者选择接受等待。这种提前的透明沟通，能显著减少用户的不满情绪，甚至提升其对企业的信任感。

在服务中，用户关心的问题通常很具体："需要多久？会花多少钱？是否需要我额外配合？"如果这些关键信息没有在一开始得到明确解答，用户会很容易陷入焦虑，甚至误解服务的能力。

一位朋友在创业初期接到过一个非常复杂的项目。他的团队默默花了一个月时间研究，最终递交了一份详尽的解决方案，结果用户不仅不满意，反而非常愤怒。这让朋友感到不解："难道他们不知道我们付出了多少努力吗？"

其实，用户愤怒并非因为方案质量，而是因为他们觉得朋友的团队是专业的，以为很快就能完成这个项目，但实际等待的时间太久了。如果在问题出现之初，朋友的团队能主动说明："这件事涉及复杂的分析，我们可能需要一个月时间完成，届时会给您提供一份详细的解决方案。"用户的心理预期就会被重新设定，不会对等待的时间感到意外，甚至可能因朋友的主动沟通而增强对其团队的信任感。

预期的管理有时比服务结果本身更重要。即便最终结果并未达到最优，如果在服务开始前让用户充分了解"能做什么"和"不能做什么"，他们会更容易接受结果。好服务，不只是最后的结果让人满意，更是从一开始就让用户对整个过程心里有数。

从"做得到"到"做得好"

如果用户获得的服务结果比预期更好，他们会愉快地离开，并自发地分享良好的感受。服务的基本要求是"做得到"，即完成用户的需求；但要真正打动用户，甚至赢得他们的心，就要"做得好"，甚至超出预期。

先有及格,才能谈优秀,而"做得好",服务才会有温度、有记忆点。

第一次入住亚朵酒店时,刚进房间,我的目光就被床上的一张小卡片吸引了,上面写着"一颗棉籽的旅程"。我好奇地拿起来读,才发现这是关于房间里床品材质的小故事。卡片上详细讲述了棉花从种植到制作成床品的整个过程,亚朵采用天然无印染棉花,为住客提供安全舒适的睡眠体验。

虽然只是一张小卡片,但它给我带来的触动却很深。因为我只是抱着一个普通的住宿需求,只想要一间干净舒适的房间。然而,这张卡片不仅传递了品牌理念,还让我感受到了亚朵的用心——这不仅是一个住宿的地方,更是一个在细节中传递温暖的空间。

亚朵的"用心",远远不止于此。

一次冬天入住时,我刚刚走进大堂,服务员就递上了一杯热茶,驱散了旅途的寒冷。第二天清晨,他们特意提醒我,可以到餐厅喝上一碗热气腾腾的粥。而在炎热的夏季,亚朵又用一杯酸梅汤,送上了恰到好处的清爽。这样的细节虽小,却让人倍感贴心。你会觉得,这不是一家冰冷的酒店,而像是一个懂你需要的温暖的朋友。

这些不经意的小举动中,藏着亚朵"做得好"的秘诀。这些举动的成本或许不高,却给住客带来了情感上的满足。这样的服务超越了基本需求,变成了可以被记住的温暖,成为住客愿意再来的理由。

从"做得到"到"做得好",是服务从功能性到情感联结的升华。

好服务的十大原则

用户可能会忘记精妙的广告语,却忘不了那杯冬天递来的热茶,或是那张写满品牌故事的小卡片。这些细节是服务中朴素却有力的部分,它们在用户的心中埋下了"愿意再来"的种子。

服务不只是满足需求,更是通过细节传递关怀,让用户感受到温度。这是让人记住的服务,也是"做得好"的意义所在。

原则三：
好服务，容易触达用户

这一原则的核心在于能随时随地为用户提供便捷的服务通道。

符合该原则的企业确保用户可以通过多种渠道（如电话、网络等）轻松接触到它们的服务，而不受时间和地点的限制；同时让用户轻松获得所需的服务，例如，简化的预订流程、快捷的支付方式和易于操作的在线支持等。

通过强化这一原则，企业能打破时间和地点的界限，增强顾客的便利感，提升服务触达的可用性。

我曾经用过一个停车应用，本来只是想找个最近的停车场，打开后，界面复杂到让我完全摸不着头脑：几十个图标密密麻麻地铺满了地图，却没有一个明确的推荐或者路线指引。我花了几分钟尝试，最后还是放弃了。

对比之下，另一款应用则非常直观：打开时自动定位当前位置，告诉我"距离你最近的停车场还有 200 米"，并提供了简单清晰的导航指引。用这款应用，不需要看说明书，也不需要琢磨下一步是什么，体验完全是顺畅且友好的。

"让用户轻松找到，轻松使用"，不仅是服务的基本要求，更是一种让用户感到被尊重的设计逻辑。它让人觉得，服务方真正站在用户的角度思考，知道他们的需求，理解他们的困扰。

让用户能轻松找到、轻松使用，是服务成功的第一步。

被用户看见的第一步

时间回到 2008 年，如果你第一次听到"饿了么"这三个字，脑子里联想到的是什么？是不是"食物"或"餐饮"？从而形成了"饿了么＝送餐"的固有认知。可是十几年后的我们都知道，"饿了么"不只送餐，还送万物。

那么，当"饿了么"想要扩展更多外卖业态时，是如何打破"饿了么＝送餐"的固有标签，向用户传达"不只送餐，还送万物"的服务信息的呢？

为此，"饿了么"改了许多个名字，让"饿了么"成为"渴了么""累了么""订花了么"……这些新名字不仅在地铁站汇聚成无数块只有 logo 和"＿了么"句式的广告牌，还印在外卖员工装上，直白地向用户传达：饿了么不只送餐，还送蔬果、鲜花、药品、日用百货……

饿了么表面上呈现了很多新的名字，本质上却是从用户需求出发，全方位覆盖生活中不同的需求场景，每个名字都对应着饿了么相应的业务。

饿了么不仅打破了"饿了么＝送餐"的固有标签，更构建了"一站式生活服务平台"的信号，及时根据用户的新需求，拓展更多的外卖业态。

让用户喜欢上你的服务，其实和谈恋爱有点像。第一步"触达"就类似于恋爱关系中的"相识、吸引"。在过去，企业可能会通过广告来"教育"用户认识品牌或服务的名字。然而，除非企业确信自己会达到家喻户晓的知名度，否则这类广告会使企业成为用户不常用或只用一次的服务之一。

如今，服务和用户更像是自由恋爱的关系，用户拥有了更大的自主权。很多时候不是服务找用户，而是用户来找服务。服务的名字，是和用户交流的第一语言，也是用户找到你的第一步。好的服务名字具备以下 3 个特征：

- 易于识别和记忆。
- 能传递服务的核心价值和承诺。
- 能成为有效的营销工具，提高广告和促销活动的效果。

好服务是动词，不是名词

那么如何为服务命名呢？最重要的一点是，不要使用组织内部的语言，而要使用用户能理解的语言。对用户而言，有效的命名取决于两件事：

- 用户想通过这项服务实现什么目的？
- 用户对这项服务的了解程度有多深？

就拿现在随处可见的刷脸支付来说，当顾客要结账的时候，柜台的服务员可能会提示"直接刷脸就能支付"。

然后，顾客只需要注视柜台的一个小屏幕就好了，整个过程不到 5 秒钟，完全不需要使用手机或者信用卡付款，不需要出示任何证件，也不用输入密码。

这项技术的普及为用户提供了便捷的交易体验，也节省了人力成本。但如果服务员提示"可以使用人脸识别支付系统"。顾客可能会一脸疑惑地问"什么意思？"，甚至有点不耐烦，因为他们不了解或者不关心"人脸识别支付系统"这项技术，他们只想着快点结账。

现在人人都说"刷脸支付"而不是"人脸识别支付系统"，就在于前者是一个通俗易懂的动词，服务员无须解释，用户就能理解"我只要刷脸就能支付"；而后者是一个有技术壁垒的名词，顾客可能听不懂，甚至会感到抗拒，服务员解释起来也很麻烦。

好服务是动词，坏服务是名词。名词是给专家看的，动词是给大家看的。但在日常生活中，太多服务把用户当成专家。实际上，哪怕是真正的专家，面对全是名词的服务，也会犯难。

用户体验设计大师唐纳德·诺曼曾在拜访桥中时，向我们分享了他买电车的"抓狂"经历。用他的话说就是"有一件极其荒谬的事情"，因为这辆电车的说明书足足有 400 页，要知道一本字典也不过几百页，而且说明书全是一连串的专业名词，让人看得抓耳挠腮。

这也是很多说明书的通病——一本正经地不说"人话"，对用户而言形同鸡肋。没人会有足够的耐心和精力一页一页地翻看一本枯燥且厚重得像砖头的说明书。

唐纳德·诺曼当时感慨道："如果能有一本可以自动翻页，自带翻译和解释的说明书该多好。"只要向这本说明书提问，它就会直接给出答案，告诉使用者该避开哪些坑，该如何操作——所以说"好服务是动词"。

随着 AI 技术的迅猛发展，唐纳德·诺曼当年的感慨，如今已经变成了现实。反过来看，如果企业能把说明书做得简单易懂，使其发挥真正的作用，那么用户也不会需要额外的人工服务，这其实也是在为企业降本增效。

好服务是设计出来的，好的服务名字也是如此。我们总结了设计服务名字的四大原则：

- 用简单直观、易于沟通的语言。
- 尽量不使用缩略语或抽象名词。
- 避免使用复杂的法律或技术用语。
- 描述一项任务，而不是一项技术。

让服务简单却有力量

从 14 年前推出的"扫码支付"，再到 12 年前推出的"刷脸支付"，当我觉得市面上的支付方式已经没有什么新鲜了的时候，"碰一下"支付给了我一个意外的惊喜。

那天，我和同事在外吃饭，入座后便看到桌角贴着一张提示"支付宝碰一下点餐"的智能卡片，蓝色的卡片特别显眼。好奇心驱使，我试着用手机背面碰了一下卡片的环形区域，没想到手机立刻跳转到商家的小程序。我快速点好菜并完成支付，整个过程一气呵成。

就在我放下手机的时候，同事还没打开支付宝的界面，我打趣道："这种支付方式也太适合逢年过节大家抢着买单了，谁手快谁买单！"

这种"碰一下"的支付体验，给人一种不费吹灰之力的轻松感。相较传统的扫码支付，它减少了烦琐的步骤——不用打开 App、点开付款码、对准摄像头扫描，只需碰一下就能完成整个点餐支付流程。最重要的是，它的便捷并没有以牺牲安全性为代价。

对于新技术，质疑声总是伴随而来。有朋友问："如果手机丢了，是不是被别人随便碰一下就能刷卡？"也有人觉得这不过是 NFC 技术的旧瓶装新酒。然而，"碰一下"支付并不是传统 NFC 支付的简单翻版。

传统的 NFC 支付将手机模拟成银行卡，让 POS 机读取手机里的支付信息。而"碰一下"则反其道而行之：手机被模拟成一个读卡器，用来读取商家设备的信息，完成"握手"式验证。支付的核心依然发生在网络端，这种逆向设计不仅增加了安全性，也更契合用户在生活中的使用场景。

"碰一下"支付之所以打动人，不只是因为它便捷，更因为它解决了"冗余操作"这个隐藏的用户痛点。相比传统扫码支付需要打开多个页面,"碰一下"的过程更流畅自然。可以说,它优化的不只是支付本身,而是整个就餐体验,让用户从点餐到支付的过程变得毫无负担。

这种流畅感让我想起一些对比鲜明的案例。例如,很多银行的 App 功能虽然看似全面,却频频被用户吐槽"难用"。烦琐的登录步骤、凌乱的界面设计,甚至完成一个简单操作都需要反复摸索,用户的耐心就在复杂性中逐渐被耗尽。

相比之下,国外某银行的"易存款"功能就简单得令人眼前一亮,其将"存款"设计为一个巨大的快捷按钮,用户甚至可以直接将它添加到手机桌面上。一键点击,无须烦琐操作,即可快速完成存款。

这样的设计并不复杂,但抓住了用户的核心需求——直观、易用和高效。按钮一目了然,无须进入 App 查找。这种设计不仅降低了使用门槛,更潜移默化地将用户培养成储蓄习惯的践行者。

用户知道你的服务后,第二步便是接触你的服务。好比亲密关系中的"第一次接触",如果你遇到一个人,发现他容易相处,你自然会更愿意靠近;而如果一个人一开始就让人感到高冷复杂,那么再优秀的内在可能也会让人难以发现(见图 1-4)。用户体验也是如此,一项服务能否让人"第一次用就上手",往往是其成败的关键。

服务的简单化并不意味着削减功能,而是在设计上更贴近用户心理,让每一个流程都清晰易懂,让人感到亲切自然,仿佛它天生就是为你量身定制的。就像"碰一下"支付,用一个简单的动作替代了一连串的流程,几乎没有学习成本。而那些复杂到让人抓狂的服务,无论功能多强大，都可能因为用户"第一次没搞明白"而被弃用。

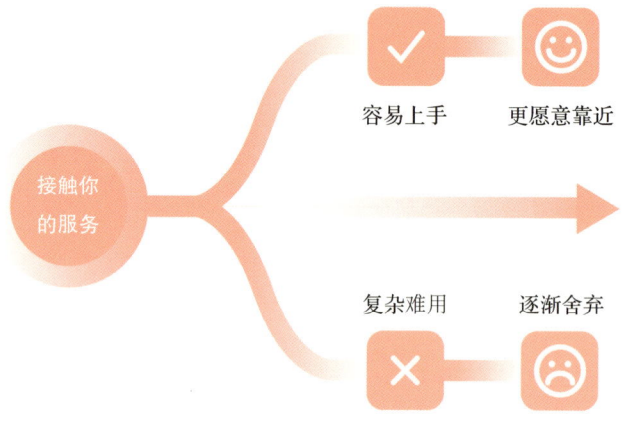

图 1-4 服务分支图

当你设计一项服务时，不妨问问自己：它是不是用户第一次接触时就能轻松掌握的？如果答案是"是"，那它大概率会成为一个被人记住的好服务。好服务，有时不是越复杂越好，而是越简单越有力量。

五步优化，服务更贴人心

支付宝近几年推出的小荷包功能在这方面做得非常巧妙。我将拆解小荷包的案例，看看其如何五步提升服务的易触达性。

无缝对接：服务变得"不需要学习"

当你需要使用小荷包的财务管理服务时，不需额外下载其他的 App 或注册新账号，只要在支付宝首页点击入口，就能直达小荷包主页。

对比一些理财 App 复杂的登录和操作步骤，小荷包只需要轻松地点击，就像轻松推开一扇熟悉的门。这种无缝对接的体验，从第一步就降低了服务使用的门槛，让人产生一种天然的亲切感和信任感。

丰富功能：细节满满却不让人"迷路"

小荷包充分覆盖了用户的多元需求，拥有专款专用、分类管理、共同攒钱与消费等功能。更重要的是，这些功能通过直观的界面呈现，操作简单、逻辑清晰。

举个例子，如果你想和家人或朋友共同攒钱，你们可以共同设立一个小荷包，用于存储日常开销所需资金，而且每次消费后都能实时查看账单明细，既方便又透明。

而很多理财工具，不光登录步骤烦琐，广告弹窗也很多，用户甚至需要"翻山越岭"才能找到某个基础功能。用它们理财就像走迷宫一样，光是找到入口，耐心就已经被耗尽了。

安全保障：好服务让人"用得安心"

在与资金打交道的场景中，安全性永远是用户的首要关注点。支付宝为小荷包提供了严密的安全机制，从身份验证到资金保护，多层防护确保用户能够放心使用。这种安全感让用户更加愿意使用小荷包进行资金管理，进一步提升了服务的触达率。

相比之下，有些平台的安全保障"形同虚设"。我曾遇到某 App 需要输入复杂的密码进行验证，但验证界面操作不流畅，甚至系统几次崩溃，让人忍不住质疑：这样的"安全"，只会让人感到麻烦，却无法发挥效用。

智能体验：智能化带来的贴心体验

小荷包不只是一个基础的财务管理工具。通过智能分析用户的消费习惯，小荷包能主动为用户提供个性化的财务建议，帮助用户更好地规划资金。这种智能化的服务不仅提升了用户体验，还让用户感受到了科技带来的便捷和乐趣。

这种智能化体验让我不禁联想到某些过于"机械"的服务。例如，有些平台的推荐系统完全基于单一算法，不顾用户的实际需求，频繁推送毫无意义的广告信息，甚至让人产生逆反心理。相比之下，小荷包的智能分析真正基于用户的需求和行为，既精准又贴心。

社交化推广：融入用户日常生活

小荷包的社交化推广也是一大亮点。通过设置拉新奖励，支付宝鼓励用户邀请亲朋好友一起使用小荷包，共同享受财务管理的便捷。

这种推广方式，不仅扩大了小荷包的使用范围，还拉近了用户之间的关系。当用户和家人或朋友一起用小荷包攒钱时，会产生一种微妙的"我们共同努力"的满足感。

反观一些传统的推广方式，比如我们经常收到的短信推销或是毫无针对性的广告轰炸，只会让人产生抗拒心理。小荷包的推广策略，以一种更自然的方式融入了用户的日常生活。

小荷包凭借无缝对接、丰富功能、安全保障、智能体验和社交化

原则三：好服务，容易触达用户

推广这五个关键步骤，让服务触手可及。可以发现，好服务不仅在于功能强大，还在于能以最自然、最贴心的方式融入用户的日常生活。

回过头来，我们不得不思考：是什么让服务好用，甚至被铭记？

小荷包的好用，在于它打破了用户与工具之间的隔阂，从用户需求出发，设计了一套既高效又温暖的体验。相比之下，那些冷漠、复杂的服务，哪怕功能再全面，恐怕也难以长久。当你设计一项服务时，不妨思考这几个问题：

- 用户能否轻松找到你的服务？
- 第一次使用时，用户能否一看就懂、一用就会？
- 你是否深入了解过用户的核心需求和行为习惯？
- 在追求创新时，你是否始终以用户为中心？

原则四：
好服务，包容多元用户

这一原则的核心在于接纳并满足各种背景、需求和期望不同的用户。

符合该原则的企业注重服务过程中的无障碍性和多样化选择。例如，餐厅需要为不同需求的顾客提供合适的座位，商店应考虑不同顾客的文化和语言背景。此外，无论用户的身份或需求如何变化，企业都能提供稳定且无差异的服务体验。

通过强化这一原则，企业在满足个性化需求的同时，也保障了全体顾客能够享受到高标准、一致的服务。

2024年有这样一则新闻：深圳连夜拆除了人行道上的不锈钢盲道，改为更安全、更实用的水泥材质盲道。这一变化的背后，竟然源于一档脱口秀节目。

在节目中，视障脱口秀演员黑灯用幽默却深刻的语言"吐槽"视障人群在城市中面对的种种不便。他提到，不锈钢盲道在雨后极其湿滑，这让视障人士变成了"瞎滑"。他还谈到了很多设计问题，比如"盲道突然消失或诡异拐弯""地铁楼梯扶手上的盲文，几乎没人注意""无障碍车厢没有座位"等种种让人汗颜的现象。

这些不仅是段子，而是视障人群和其他特殊需求群体在生活中的困境的缩影。

盲道——原本为了方便视障人士而设的设施，在很多地方却成了他们的障碍：盲道上有电瓶车、自行车等的阻挡；盲道旁边的井盖裸露或高度不平；一些盲道仅仅 30 厘米宽，形同虚设。原本的"盲"道却变成了"忙"道，不仅没能引导盲人安全，反而让他们寸步难行。

这背后折射的是无障碍设计中普遍存在的问题——缺乏实用性和缺少以人为本的思考。

我们常常看到无障碍设施中存在的"想当然"设计：无障碍通道被用作物料堆放区；电梯按钮高到轮椅用户够不着；甚至无障碍厕所因为"更宽敞"变成了普通人的临时储物间。这样的设计不仅未能给需要的人带来便利，甚至可能将他们引入绝境。

好服务，不止于满足多数人的需求，更在于关注那些常被忽视的<u>非典型用户</u>。这些非典型用户可能是行动不便的老年人、需要盲文引导的视障人士，也可能是初来乍到、不熟悉语言和文化的外来移民，甚至是那些难以负担高价服务的低收入群体。

好的服务不会"一刀切"

我常常问自己：服务，是否应该为所有人提供同样的解法？

这个问题看似简单，但当你开始认真思考时，得出答案却并不容易。设计服务时，我们的第一反应往往是将焦点放在大多数用户身上，确保他们能快速上手、顺畅使用，即满足主流用户的需求。

然而，真正的挑战在于：那些"不一样"的用户怎么办？他们的需求是否会被忽视？

当"好用"变成一种挑战

很多年轻人应该都帮家里的长辈设置过智能手机。对年轻人而言，这可以说是一个很简单的任务，但对很多长辈而言，这可以说是一件让他们充满挫败感的事儿。

点开一个 App，字体小如蚂蚁，这让他们不得不凑近手机屏幕，眯起眼睛努力看；界面上密密麻麻的图标，让他们手足无措，更别提复杂的设置步骤，让他们根本不知道如何下手。

"为什么一定要把界面做得那么复杂？"很多长辈应该都发出过这样的疑问。

这是典型的"非典型用户"的困境——他们被设计排除在外。那些对年轻人来说直观的操作，成了他们的挑战；那些默认的设计逻辑，对于他们却像是高高在上的"门槛"。

但如果我们从设计的角度，稍稍换一种思路呢？大字体模式、语音辅助、简化界面，甚至是优化触控区域和增加语音指令的功能——这些并不复杂的改进，是否可以让长辈也能顺畅使用手机，让他们重拾自信？

服务的温度在于"理解不同"

我的一位外国友人也曾陷入过类似的困境。他逛一个全中文的购物网站，无奈地皱起眉头，告诉我："我完全不知道该点击哪里，更不知道这些选项是什么意思。"看着他手足无措的样子，我才意识到，原来我习以为常的操作流程，竟是他眼中的"迷宫"。

服务成功的标准，不只是"典型用户用得爽不爽"，更在于"非典型用户能否无障碍地使用"。对这位外国朋友来说，界面如果能增加多语言支持，或者用更直观的图标替代文字，他的购物体验或许就会截然不同。

这并不是"迁就"或"照顾"某些群体，而是通过设计的包容性，让每一位用户都能被平等对待。这种设计思路，不仅提升了那些"非典型用户"的体验，也让整个服务体系变得更加多元、更具温度。

真正的好服务，一定不是"一刀切"的解决方案，而是理解并尊重个体差异。每一个用户都有独特的需求和期望，而服务的本质，正是在于满足这些多样化的需求，就像大字体模式可以让年过七旬的长辈轻松使用手机，以及多语言模式可以让外国友人拥有更流畅的购物体验。

"非典型用户"的需求或许不显眼，却真实存在，而当服务能够为这些用户提供无障碍体验时，才真正展现出包容的力量。

解决 20% 需求的重要性

近年来，包容性设计在硅谷顶尖公司成为一种趋势。正如微软设计主管苏珊·戈尔茨曼所说："包容性设计并不意味着你为所有人设计同样的产品；而是说你设计了可以让不同人以不同的方式参与进来的方式，并确保每个人都有归属感。"

包容性设计并不是简单地为某个群体提供特殊照顾，而是把对不同用户的理解与尊重融入设计的每一个环节。它的核心是让所有人都能找到属于自己的位置，不论他们的背景、需求或能力如何。

如果说普通服务关注满足80%"典型用户"的需求，那么，好服务还会关注剩下那20%"非典型用户"的特殊需求。因为一旦解决了这些特殊需求，你的服务就不仅能满足大多数用户，还能真正打动所有的用户——不论他们是否属于主流群体。

对于这些"非典型用户"的需求，不能因为他们人数少就忽略。事实上，他们的体验往往能揭示出服务设计中的关键问题——当你的服务能无障碍地满足这些用户的需求时，才真正称得上是一项"好服务"。

服务要以人为本，这并不是一句空洞的口号，而是一种真正深入理解用户需求的行动力。做到这一点，不仅要满足大多数"典型用户"的需求，还要从特殊需求群体的角度出发，思考他们的使用场景，洞悉他们的困境，进而用心设计解决方案。

就像那个从脱口秀到新闻热搜的"盲道"故事所揭示的：真正的服务，从不应该让需要帮助的人感到无助。当我们关注这些容易被忽略的群体时，收获的可能不仅仅是他们的信任，还有整个社会对服务的重新定义。

原则四：好服务，包容多元用户

日本的无障碍设计一直被称为世界标杆。日本许多地铁站的电梯按钮，不仅高度适合轮椅使用者，按钮旁边还有清晰的盲文标识和语音提示；公交车上下车处安装了缓坡，让行动不便的老人和推婴儿车的家长可以顺畅进出；甚至在一些图书馆里，书架的高度和间距也会考虑到轮椅用户的行动空间。

这些设计不在于满足某些人，而在于"不落下任何人"。好的服务，不仅是让人"用得上"，更是让人感受到背后那份细致入微的"无声关怀"，这正是服务的温度所在。

为所有人找到最优解

在"好服务，容易触达用户"的原则中，我分享了唐纳德·诺曼与说明书的故事。在这里，我想分享一个完全不同的故事。

一位朋友每次买宜家的家具，总让自己 8 岁的孩子负责研究说明书。这并不是因为大人嫌麻烦，也不是因为孩子智力超群，而是因为孩子只要看说明书，就能掌握组装宜家家具的每一个步骤。

宜家的说明书几乎没有文字，而是通过简洁的图示或来传递信息。无论你来自哪个国家、说哪种语言，甚至是一个不识字的孩子，都能通过这些直观的图示完成家具的组装。没有文字的说明书，却能通行全世界。

为什么宜家的说明书如此特别？

宜家的说明书看似简单，实际上经过了精心设计。它解决了用户多样化背景下的普适性问题，同时展现了服务的包容性和高效性。

去掉文字的束缚，打破语言的障碍

宜家的说明书几乎没有文字，仅在需要特别说明时才使用多种语言标注，比如地震频发地区的家具固定说明。没有文字的限制，不仅能让说明书突破语言障碍，更可以避免因为翻译错误而引发歧义。

环保与效率的完美结合

通过图示统一说明，宜家显著减少了运营成本，同时也减少了纸张浪费，践行了可持续发展的理念。

简约却不简单，设计充满同理心

别看说明书薄薄几页纸，它却是团队跨部门协作的结晶。设计师们来自销售、工程等不同领域，每一个图示、每一个符号，都是对家具组装过程的精确表达。说明书简化了操作，但没有低估用户的能力，反而在潜移默化中增强了用户安装家具的信心。

宜家的说明书不仅是一份实用工具，更是品牌精神的体现——用最少的力气，发挥最大的作用。它简约到极致，却充满同理心，尊重用户的能力，无论文化背景、语言习惯或是动手能力有多大的差异，每个人都能找到属于自己的最优解，享受一致的用户体验。

这正是包容性设计的精髓：不仅满足主流用户的需求，还为"非典型用户"提供无障碍的解决方案。在宜家的设计中，每个人都被尊重，每个人都能找到属于自己的使用路径。

在设计服务时，不妨问三个问题，判断自己是否让服务变得更有温度：

（1）我的服务能否让所有用户使用，尤其是那些容易被忽略的群体？

想一想你的服务是否无意中排除了某些群体。

（2）我是否了解这些"非典型用户"的需求？

你是否从他们的角度，重新审视过整个流程？是否用他们的眼睛看到了那些潜藏的障碍？

（3）服务设计是否体现了尊重与包容？

包容性设计的目标，不是"做一项适合所有人的服务"，而是让每个人都能找到属于自己的最优解。

原则五：
好服务，清晰传递价值

这一原则的核心在于有效传达服务的核心价值，避免用户产生疑虑或误解。

符合该原则的企业通过各种方式让用户了解服务的所有细节和背后所提供的价值，例如清楚列出服务价格、流程和利益。与此同时，有效地与用户沟通，传达价值信息时简明扼要、易于理解。

通过强化这一原则，企业能确保用户完全理解服务的价值，从而增强品牌吸引力和用户对品牌的信任感。

如果你是 iPhone 用户，可能对智能小助手 Siri 再熟悉不过了。每天，它默默为你查天气、设提醒、找信息等。它的存在早已成了你生活的一部分，以至于你可能从未认真思考过它的意义，只是觉得："这不就是智能手机的标配嘛。"

但你是否意识到，Siri 的存在让你的生活变得更加便捷和高效，它帮助你简化日常任务，节省时间，做事更加轻松自如。然而，Siri 从未明确告诉过你这些，这导致许多人习惯性地低估它的价值，把它当作"可有可无"的工具。

这其实揭示了服务容易陷入的一个误区：企业提供了服务，以为

原则五：好服务，清晰传递价值

用户会主动意识到它的重要性，而忽略了清晰地传达服务的核心价值。结果，服务再贴心，也可能被误认为是"可有可无"的存在。

当服务被"习以为常"时，它的价值容易被忽视。就像有人对家人的爱习以为常，却往往忽视了背后的默默付出和牺牲。那么，如何让用户真正"珍视"服务呢？

服务价值需要"被看见"

很多人可能用过健康管理应用，它会提供步数追踪、饮食记录、睡眠监测等多种功能，但你还记得上一次打开它是什么时候吗？

刚下载时，很多人可能每天都打卡上传数据，但渐渐地，你可能只是用它来"看看今天走了多少步"，它成了一个偶尔用来满足好奇心的工具，却没有真正融入你的生活，更谈不上帮助你建立健康的生活习惯。

为什么？因为这些应用只是在记录数据，从来没有人明确地告诉过用户，这些应用的目标不仅仅是记录数据，而是帮助用户建立健康的生活方式。

如果用户不理解这些数据如何改变自己的生活，自然无法将这些功能与自身长期的健康管理联系起来。久而久之，这些健康管理应用就变成了装饰品。

服务的价值如果不被明确传达，就很容易被用户低估，甚至忽略。再好的服务或功能，用户如果不知道"为什么要用"，就难以形成长期使用的动力，最后用着用着就放弃了。

为了让用户感知并珍视服务的价值，把服务当成日常生活的一部分，我们需要清晰地传达以下三个关键要素。

明确的服务目标

告诉用户：你的服务到底解决了什么问题？满足了什么需求？

健康管理应用的 slogan 或者宣传文案通常是"智能健康助手"或"帮你记录身体数据"，这样的表述虽然准确，但缺乏吸引力，用户看不出它们真正的价值，不妨试试这样表达：

- 帮助你养成健康的生活习惯，而不仅仅是记录数据。
- 用科学的方法，让健康管理更简单。
- 改善你的睡眠、饮食和运动，从今天开始。

类似这样的表述能更直接地告诉用户，它们不是冰冷的记录工具，而是帮你真正变健康的方法。

具体的服务内容

详细阐述服务包括哪些功能，这些功能是如何帮助用户实现目标的。

健康管理应用记录数据只是第一步，关键是如何让用户理解这些数据对他们的影响。

- **步数追踪**：不仅可以让用户看看自己走了多少步，而且可以让用户知道——"每天多走 3000 步，你的代谢率会提升

原则五：好服务，清晰传递价值

××%"。

- **睡眠监测**：不仅展示一堆波动曲线，而且可以让用户清楚——"如果睡眠不足 6 小时，你的专注力会下降 ××%，试试今晚提前 30 分钟入睡。"
- **饮食记录**：不仅可以让用户填写吃了什么，而且可以在他们的选择基础上提供合理建议，例如："今天摄入碳水较多，明天可以适当减少。"

数据本身没有意义，根据数据提出行动建议，才是健康管理应用真正的价值。

切实的用户受益点

强调用户通过服务能获得哪些实际的好处，让他们感受到服务的价值所在。

用户愿意长期使用某项服务，是因为他们从中感受到了切实的益处。如果一个人连续用了一个月的健康管理应用，但除了增加了几条数据，却没有感受到任何改善，自然就会放弃使用。如果应用能在关键时刻向用户提供反馈，让他们看见自己的变化和进步，那么用户体验会完全不一样。

- "恭喜你！坚持 21 天后，你的平均步数提升了 20%，体力更充沛了。"
- "你过去一周的深度睡眠时间比上个月增长了 30%，是不是感觉更精神了？"
- "过去一个月，你成功减少了 ××% 的糖分摄入，保持下去，皮肤状态会更好哦!"

服务能否长久，不在于它的触点设计得多么酷炫，而在于它能否让用户离不开。当用户看见服务的价值，就会真正留下。如果你正在设计或优化某项服务，可以试着问自己这几个问题：

- 我的服务，是否明确告诉用户它的真正目标？
- 我的功能，能否帮助用户做出实际的改变？
- 我的用户，能否清楚感知到自己的进步？

当好服务成为你的"标签"

很多企业都在提供优质的服务，但并不是每家企业都能让用户感知到这些服务的价值。服务的"好"，不仅在于做得多周到，更在于用户能不能理解它为什么好。

试想一下，如果你走进一家打着高端旗号的餐厅，菜单上只有菜名，没有任何食材介绍，也没有推荐菜品。当你询问服务员，却只得到这样的答复："我们的厨师很厉害，每道菜都好吃，您随便点。"

这时，你会怎么想？可能会一头雾水，然后随便点了几道菜，吃完后觉得食物虽然不错，但不理解为什么这些食物的价格如此高昂，不清楚价值所在，最终留下了"这家店太贵"的印象。

然而，另一家餐厅截然不同。服务员不仅介绍了招牌菜，还告诉你："这道菜选用了云南空运的野生菌，搭配我们独家的秘制酱料，口感鲜嫩；这款牛排则是采用澳洲纯血和牛，经过72小时低温熟成，肉质更加细腻……"在这样的介绍下，你不仅更容易做出选择，还能感受到餐厅的用心，甚至愿意为这些价值支付更高的价格。

这，就是清晰传达服务价值的力量。

让用户理解你的服务，赢得长期信任

明确传达价值的服务，能让用户更直观地感受到企业的用心，让用户理解服务背后的意义，还能让他们更加信任品牌。

以金融行业为例，很多基金公司都提供理财顾问服务，但区别在于，有的公司只是简单地推荐产品，而有的公司则会清楚地向用户传达："我们不仅帮你理财，而且基于你的财务状况和人生目标，帮你做长期的财富规划，让你的资金更高效地增长。"

当用户明白这项服务的核心价值后，他们的信任就会建立起来，甚至愿意长期把资金交给这家公司管理。用户信任的基础，不是企业自己觉得服务做得好，而是用户能清楚地感知到它的价值。

让品牌更具吸引力，区别于竞争对手

一个品牌的竞争力，往往不仅仅来自产品本身，还来自它如何表达自己的价值主张。

回到餐厅的例子，如果一家餐厅只是说自己"食材新鲜"，这可能无法让用户真正理解它的独特之处。但如果它能具体说明："我们的海鲜是当天直送，所有食材都是有机农场直供"，用户会对它的品质更有信心；"我们的咖啡豆是从埃塞俄比亚小农庄直采，每一杯都

经过精品咖啡标准的手工烘焙",用户会更愿意为这杯咖啡买单。

而在金融行业,如果一家公司只是笼统地宣传"我们提供专业理财服务",用户可能不会有太大感触。但如果能这样表达:"我们会根据你的收入、支出、风险偏好和人生目标,量身定制你的财富管理方案,让你在不同人生阶段都能拥有稳定的财务安全感";"我们的投资顾问关注收益率,更会结合你的家庭责任、职业发展情况,帮你做全方位的财富规划"。这样一来,用户不仅能理解这项服务的价值,还能感受到这是一家真正为他们考虑的企业。

表达价值主张,不仅能提升品牌在用户心中的专业度,还能形成口碑传播,让品牌更具吸引力。

让用户愿意买单,甚至主动传播

很多企业都想提高用户的忠诚度,但忠诚度并不是靠优惠活动或会员制度就能轻易建立的。真正能让用户长期留下来的,是他们对品牌价值的认同。

例如,有些基金公司专为高净值客户提供私人理财顾问服务,但如果不清楚地传达服务价值,用户可能会觉得"这不过就是个推荐基金的顾问而已"。

但如果能够清晰表达:"我们不仅是投资顾问,更是你的财富管家。我们帮你规划资产配置,优化税务结构,甚至帮你提前安排子女教育基金,让你的财富管理更有方向。"

这样的价值传达,能让用户更容易理解为什么要为这项服务买单，甚至愿意为你的服务做口碑传播。

此外，当一个品牌的服务价值足够清晰，用户也更容易把它推荐给身边的人。就像你吃到了一家菜品真正好吃且能清楚传达食材特点和烹饪工艺的餐厅，你一定会更愿意推荐给朋友，而不是那些"味道不错但不太记得有什么特别"的地方。

清晰传达服务价值，能让用户更容易记住品牌的独特之处，并且更愿意主动传播。

明确服务的价值对企业来说具有诸多好处。它不仅能够增强用户信任、提升品牌形象，还能促进业务增长。因此，企业应该重视并明确其服务的价值，以更好地满足用户需求，获得市场竞争优势。

诠释服务价值的典范

想象一下，你站在路边，等待一辆普通网约车，心里有点忐忑：司机会不会迟到？车况怎么样？车里会不会有异味？会不会跟司机尬聊？

现在，换个场景：

一辆崭新的梅赛德斯-奔驰早已等候在路边，车门打开，迎接你的是一位着装整洁、举止得体的司机。她微笑着说："您好，请上车。"车里，一首巴赫的大提琴曲正缓缓流淌，座椅宽大舒适，一瓶气泡水恰到好处地放在你手边，你轻松地靠在座椅上，完全沉浸在这一刻的宁静与享受之中。

这就是高端出行服务品牌耀出行想要带给用户的体验——陆地上的头等舱。

虽然它是吉利与梅赛德斯-奔驰合资的"星二代",但让它真正赢得用户信赖的,并不是豪华品牌光环,而是对每一种出行场景的深度理解,以及清晰传达的服务价值。

一个真正有价值的服务,不但要让用户"感到舒服",更要让他们"彻底放心"。而在出行这件事上,没有什么人比孕妈更需要安全感。

对孕妈来说,每次去医院产检,都是一次小型"战役":叫网约车,担心车况不好,路上颠簸太多;让家人陪同,但家人要上班,无法随时抽身;进入医院后,面对复杂的检查流程,一个人四处奔波更是身心俱疲。

耀出行精准捕捉到了孕妈这一特殊群体的焦虑,为她们量身打造了孕妈专车,让出行不仅是一次单纯的接送,而是一整套环环相扣的安心体验。

如何把"服务"做成"体验"?耀出行的成功有以下三个关键点:

明确的服务目标:让孕妈的出行真正无忧

耀出行不是简单地为孕妈提供一辆车,而是构建一个安全、舒适、体贴的陪伴服务系统,让她们从家门口到医院,再从医院回家,全程不再焦虑。

具体的服务内容：每一个细节都让人安心

耀出行的孕妈专车，不只是换上了高端车型，而且是把整个服务流程拆解到了每一个可能影响孕妈体验的细节中。

- **优选女性司机**：孕妈在出行时，不仅关心路况，也在意司机的性格与服务细节。女性司机通常更温和、更细心，能理解孕妈的需求，提供更安心的陪伴。
- **医院陪检服务**：为了减轻孕妈在医院检查时的压力，耀出行特别提供陪检服务。当孕妈到达医院后，陪检人员会协助她们完成挂号、排队、取报告等流程，让孕妈能够更加轻松、愉快地完成检查。
- **闭环式接送流程**：耀出行的孕妈接送服务不仅限于从家到医院的单程接送，而是提供了从家到医院，再从医院送回家的闭环接送流程。这样，孕妈在整个出行过程中都不需要担心如何返回的问题，可以更加安心地享受服务。
- **婴儿提篮和接产服务**：当孕妈生产完回家时，普通网约车几乎没有合适的婴儿安全座椅。而耀出行专门配备婴儿提篮，让妈妈和宝宝都能在回家路上得到最好的保护。

这些细节，让耀出行的孕妈专车远远超越了传统的网约车服务，真正成为孕期出行的贴心管家。

切实的用户受益点：为什么这项服务能打动人心

有时候，我们愿意为一个服务买单，并不只是因为它提供了某个功能，而是它能让我们的生活变得更轻松、更安全、更有品质。

对孕妈来说，耀出行的孕妈专车，不只是提供了一辆好车，而是提供了以下服务：

- **降低了产检的心理压力**：从出发、抵达，到完成检查，全程有人照应，不再孤单无助。
- **减少了出行的不确定性**：不用再担心打不到车、遇到态度差的司机、车内环境不适合孕妇等问题。
- **提高了家人的安心感**：即使无法陪伴，也能放心地让孕妈独自出门。
- **提供了专业级的安全保障**：从女性司机到车内环境，每一个细节设计都从孕妈的需求出发，保证舒适与安全。

耀出行让出行不再只是"从 A 点到 B 点"，而是一次值得被精心呵护的旅程。

让服务成为一种"被理解"的体验

想象一下，在这个快节奏的时代，我们每天奔波于工作与生活之间，是否曾有过那么一刻，渴望被理解、被关怀？耀出行用它的服务告诉我们，原来这种渴望是可以被满足的，而且是以如此优雅、如此贴心的方式。

通过明确的服务目标、具体的服务内容以及用户受益点，耀出行很好地诠释了清晰服务价值的三大要素。耀出行不仅是提供一辆豪华车，而是通过细腻的服务设计，让出行成为一种"被理解"的体验。

服务，就像是一面镜子，映照出我们对生活的态度和追求。当我们愿意为优质的服务支付更高的价格时，其实也是在告诉自己：我值得拥有更好的。而这种"值得"的感觉，正是服务价值最生动的体现。

所以，下一次选择服务时，不妨多问问自己：这份服务能给我带来什么？是便捷、舒适，还是那份被尊重、被关怀的感觉？当你找到了答案，你也就找到了那份属于你的服务价值。而在这个过程中你会发现，生活原来可以如此美好。

原则六：
好服务，保持服务一致

这一原则的核心在于每次都能提供同等水平的服务质量。

符合该原则的企业在服务流程、人员培训和服务标准上保持高度统一，让用户无论何时都能得到相同水平的有保障的服务体验，不会因偶然性因素而产生服务质量波动。

通过强化这一原则，企业能确保服务的质量不因时间、地点或人员的变化而产生差异。

我在某个社交平台上看到过一位网友分享了如下的经历。

她在一个高端家电门店购物，从她进门的那一刻起，所有的目光都聚焦在她身上，服务员礼貌周到，甚至连她随口提出的一个问题都做出详细的解答。这样的服务让她非常愉悦，所以她毫不犹豫地购买了一台吸尘器。

然而在她付款后，一切都变了。她回家后满心期待地打开产品，却发现有明显的质量问题。于是她立马打电话联系到这家店，期望得到一个合理的解决方案。然而，电话那头的态度发生了180度的转变。

客服推脱责任，甚至故意拖延，最后把问题推给了第三方。这种踢皮球的态度让她彻底失望，维权无门，无奈之下，她只好在社交平台上发帖曝光了这家店的所作所为。

这位网友愤怒的不是产品本身，而是商家从最初的热情服务到后来的冷漠态度，犹如一场骗局。原本她是被"上帝"般的待遇吸引，而付款一完成，所有的关怀与尊重瞬间烟消云散，她最终变成了一个被"抛弃"的顾客。

这让我意识到，好服务不在于一时的好意，而在于整个服务体验的持续性和一致性。无论是交易前的热情接待，还是交易后的售后服务，都应该保持同样的高水准。如果服务出现了断点，顾客之前所有的好印象都会烟消云散，企业最终失去的则不仅仅是一个顾客，更是一份信任。

因此，服务不应当仅仅停留在"满足用户需求"这一表面上。每一个环节、每一次触点的体验都至关重要，当整个服务周期做到一致性和高质量，企业便能赢得真正的用户忠诚。

服务是"有始无终"的过程

我把这位网友的经历分享给同事们后，有个同事讲述了他的一次售后经历，差点让我重新定义了"服务"这个词。

他在始祖鸟买了一件冲锋衣。有一次，他吃饭时不小心把衣服弄上了油渍。冲锋衣的材质比较特殊，洗护起来稍有不慎可能会损坏涂层，所以他不敢轻易自己清洗，但是送去普通干洗店又担心花冤枉钱。

后来他发现始祖鸟的会员权益中有清洗服务。而他的会员等级是 GAMMA 会员，每年享有 3 次免费清洗的机会，所以他毫不犹豫地预约了最近的门店送洗。

带着冲锋衣到店后，他发现，预约的服务让他免去了在门口排队的烦恼——直接报上手机号码，出示预约码就好了，店员会细心检查衣服是否有破损，整个过程非常丝滑。等候时，服务员还贴心地递上了苏打水，他顺便在店里逛了逛，看到新款的鞋子，忍不住买了一双回家。

让他没想到的是，不到一周他就收到了寄回来的冲锋衣。拆开包装的那一刻，他愣住了，怀疑自己收到了一件全新的衣服。

衣服被精心装在一个印有始祖鸟 logo 的黑色盒子里，又酷炫又精致。打开盒子，衣服被整齐地叠放在防尘袋中，干净得仿佛是新的一样。盒子里还附带一张洗护受理卡，上面写着一行小字"感谢您将产品托付给我们处理"，细腻又充满仪式感。

同事笑着说："我原本觉得始祖鸟的衣服有点贵，但这次售后服务让我觉得，钱花得值！"始祖鸟不仅在产品上做到了极致，连服务体验也不打折扣，这彻底让他折服。

良好的售后服务，不仅是为售前承诺买单，更是企业在市场上树立信誉、获取忠诚的重要手段。

在用户眼里，几乎所有企业都会在售前做出各种承诺，但只有少数企业能够在交易结束后，依旧保持对用户的关注，兑现对用户的承诺。而无微不至的售后服务，不仅可以巩固前期销售，还能为企业提供二次开发的机会。

始祖鸟的售后服务正是一个成功的例子。它的售后服务与消费深度绑定，会员根据累计消费金额分为 ZETA、GAMMA、BETA 和 ALPHA 四个等级，等级越高，享受的售后服务越个性化。很多用户为了享受更好的售后服务，可能会不断复购，甚至将这种消费行为当成一种"炫耀"的资本。这时，用户不再仅仅是购买者，更是企业的"粉丝"。

这与那位网友的遭遇形成了鲜明对比，从一开始的"上帝待遇"到交易后的冷漠对待，她体验到的服务彻底让她丧失了对那家企业的信任。而我的同事在始祖鸟的售后体验，让他真正感受到了始祖鸟对用户的用心。

这也让我更加坚信，好的服务不是有始有终的买卖行为，它应该是"有始无终"的真诚付出，是贯穿整个用户体验的持久承诺。不断完善、始终如一的服务，能真正打动人心，赢得用户的忠诚，获得他们的持续支持。

及时服务，不出现断点

被誉为"金牌经销店"的日本的雷克萨斯星丘店，最重要的卖点之一就是售后服务。在很多企业眼里，售后服务或许只是交易后的附加值，甚至是草草了事的"应付"。但雷克萨斯星丘店却不这么看，它把售后服务当成了贯穿全年、无缝对接的核心竞争力，成了真正的招牌。

从开业之初，雷克萨斯星丘店就坚持 365 天无间断服务。是的，365 天，无论何时，你都能在这里得到帮助。很多人会问，为什么这么执着？

因为雷克萨斯星丘店深知，车辆故障或交通事故不会因为是休息日就停止发生。所以，车主无论何时遇到困难都能获得这里的帮助。这种全时段的服务，渐渐在车主心中建立了深厚的信任，甚至在车主之间流传着"有困难去星丘"这样的说法。

有时候我会想，服务的意义到底是什么？雷克萨斯星丘店给出了它的回答：无论何时何地，都会给你最实在的帮助。它不仅关注车主当下的需求，更注重为车主的长期关系和品牌口碑打下基础。每一次及时的援助，不单解了车主的燃眉之急，更加强了彼此之间的情感联结。

于是，雷克萨斯星丘店吸引了大量的回头客，甚至一些在其他经销店购车的车主，也纷纷转向这里寻求帮助。其中很多车主亟须用车，但因为其他店休息而束手无策，听朋友介绍雷克萨斯星丘店接受临时维修，便纷纷前来求助。无论他们的车是什么品牌，雷克萨斯星丘店都以热情和专业的接待，始终平等对待。

更打动人的是雷克萨斯星丘店的真诚。店员在维修过程中从不进行任何推销，而是专心解决问题。这种"没有利益挂钩"的服务态度，反而让车主更加信任它。越来越多的车主由于这份真诚，主动将车辆转交给雷克萨斯星丘店进行维护。

雷克萨斯星丘店的另一大服务亮点，是为车主提供在紧急情况下的现场支援服务。

有这样一个故事：一名车主在日本岐阜县高山市发生了交通事故，车辆报废无法启动，而车主亟须赶往下一站。常规情况下，车主通常会自行拨打保险公司或救援公司的电话，可雷克萨斯星丘店并没有让车主自己去处理。

雷克萨斯星丘店不仅安排了临时租车，还协调了拖车公司，将雷克萨斯备用车从名古屋运送到高山市，确保车主能够按时完成行程。这种迅速、周到、全力以赴的服务，让人无可挑剔。

当车主遇到困难时，雷克萨斯星丘店总能提供帮助，并不只是因为员工遇事有责任心，有智慧和丰富的知识，更在于雷克萨斯星丘店所属的 KIRIX 集团一直实行覆盖全国的紧急救援服务。正是这个强大的后盾，使雷克萨斯星丘店能在以往的经验上不断完善自己的服务体系。

对于企业，拥有一套服务体系会使其具有长期生命力，可以规范指导服务内容。正因如此，无论情况多么复杂和紧急，雷克萨斯星丘店的工作人员不会轻易对用户说"这无法做到"，而会有条不紊地准备好解决方案。从黄金周自驾到福冈的突发故障，到深夜两点在大阪街头的紧急求助，雷克萨斯星丘店的工作人员始终能在第一时间到达现场，不计时段、不论距离，兑现对车主的承诺。

有些企业在处理用户问题时，往往认为用户是来"捣乱"的或者觉得麻烦，于是可能像之前提到的高端家电门店一样拖延或推卸责任。但它们忽视了一个事实：90% 的客户投诉只需要及时响应就能化解，而剩下的 10%，往往最能考验服务的真章——就像雷克萨斯星丘店那些深夜救援和跨城送车的故事，正是这些关键时刻的全力以赴，才铸就了深厚的品牌信任。

雷克萨斯星丘店的成功，除了无微不至的服务，更重要的一点，是它始终如一地满足用户需求，不让服务出现断点，倾其所能地将每一件事都做到无缝对接。这不仅是为了当下的用户满意度，更是为了品牌的长远口碑与用户的长期忠诚。每一次及时伸出的援手，都是加深与用户之间感情联结的机会。

企业或许无须像雷克萨斯星丘店这样将服务做到如此极致，但如果能及时解决用户问题，消除服务中不必要的断点，把每一次与用户的接触都当作一次建立信任的机会，服务体验是否会因此变得更加温暖、更加值得期待？

刨根问底，解决真问题

记得我们曾经和一家餐厅合作，这家餐厅的核心承诺之一就是"顾客的需求将在 30 分钟内完全满足"。餐厅的生意其实不错，但随着客流量的增加，问题也开始暴露。尤其是在晚餐高峰期，不少顾客抱怨上菜速度太慢，长时间的等待成了最常见的投诉。

虽然餐厅做了不少调整，但投诉依然只增不减，生意越火爆，问题就越严重。

老板深知，如果这个问题不解决，会影响到餐厅的声誉和顾客忠诚度。但单靠管理上的调整似乎解决不了根本问题。于是，我们帮助餐厅组织了一次跨部门共创工作坊，从整体视角寻找症结所在，并提出可行的解决方案。

在这次工作坊中，餐厅的厨房、服务、后勤等部门的核心员工展开了深入协作。大家共同梳理了餐厅的用户旅程图，并逐步追踪每个环节，最终找出了一个个细节问题。顾客在点餐后，服务员能够迅速记录订单，厨师也能按时出餐，整个流程看似顺畅。但问题就出在上菜这一环节，晚餐高峰时段，服务员在送餐过程中常常遭遇各种阻碍而导致拖延。

那么，是什么导致了这个环节出现问题的呢？

经过观察，我们发现餐厅的布局和人员安排可能是根源之一。晚餐高峰期，服务员需要在人群中穿梭，而餐厅的空间狭窄，通道拥堵，服务员常常被"卡住"，无法将菜品及时送到顾客桌上。这个问题其实并不难发现，但需要细致的推敲和反思。

我们将这些发现反馈给餐厅管理层，并邀请空间设计师和后勤团队继续深入共创，寻找解决方案。设计师认为餐厅的布局没有问题，但我们决定通过原型测试来验证这一点。

通过反复的测试，我们终于确认，虽然厨房的烹饪速度不成问题，但餐厅的动线设计的确存在缺陷。服务员需要绕过多个拥堵区域，这在无形中浪费了大量时间。因此，我们决定重新设计餐厅的后勤通道动线，确保服务员能够更加高效地将菜肴送到每个顾客桌上。

除了空间布局的调整，我们还针对高峰时段优化了人员调度。通过增加服务员数量，避免了因人手不足而导致的延误，确保餐点能够迅速送到顾客面前。同时，我们还建议加强厨房与服务员之间的协调，确保餐点一准备好就能立即交给服务员，避免在厨房或等待区域滞留。

这些方案落地之后，餐厅的上菜速度立刻得到了显著提升，顾客的投诉量也大幅减少。尤其是在晚餐高峰期，顾客不再因为等待时间过长而感到不满，整个用餐体验得到了极大的改善。顾客不仅对餐点的质量赞不绝口，更对餐厅的服务效率由衷感到满意，餐厅口碑也随之提升。

有些企业常说："我们没有逃避问题，只是找不到真正的问题。"我完全能理解，因为要找出服务中每一个漏洞，确实不容易。但这些"找不到"的问题，往往会悄无声息地决定企业的成败。

好服务不仅依赖于员工的努力，还需要完善的服务流程和细致的优化。每一个看似微不足道的问题，都可能影响到用户的整体体验。

更重要的是，很多问题并非表面上那么简单，它们往往隐藏在"冰山"之下的盲区之中（见图 1-5）。企业要想真正改进，就需要从系统性视角入手，逐一追踪每个环节，对问题刨根问底，找到真正的痛点。

要从根本上解决问题，也并不是依赖某一个员工，而是需要所有员工共同参与流程的完善。通过这种"从根本到细节"的思维，企业不仅能够持续提升服务质量，长远来看，还能优化成本、提高效率，实现更大的发展。

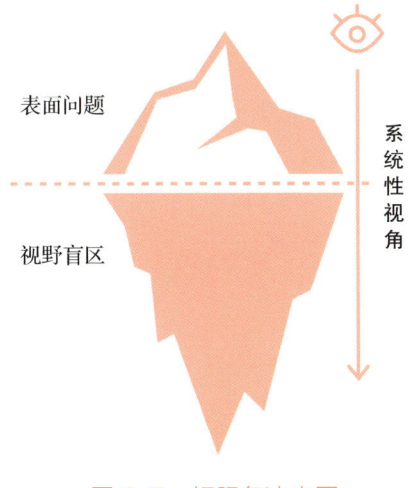

图 1-5　好服务冰山图

听见"潜台词"的重要性

一个朋友曾经分享过她入住一家精品民宿的经历,让我印象很深刻。

她刚从长途飞行中下来,疲惫不堪,随口对接待的服务员说了一句:"这一路真是颠簸,头有点痛。"

谁料到,她晚上回到房间时,发现床头多了一袋热敷眼罩。这个简单的细节,让她感动不已,忍不住分享到朋友圈,并配文:"这样的细节,才是旅行中最值得带走的回忆。"

民宿的这个小小的举动也让我意识到,好的服务不仅要完成显性的服务流程，还要深入挖掘并回应用户的隐性需求。那些用户未曾明言的潜台词，往往承载着他们最真实的期待。

而真正优秀的服务者，能够敏锐捕捉到这些需求，并以一种温暖的方式回应它们。以下三种能力，可以帮助你将用户的潜台词转化为好服务。

敏锐的倾听力：捕捉"话外之音"

好的服务提供者不仅要倾听用户说了什么，还要关注他们说这些话背后的含义。例如，顾客抱怨旅途疲惫，实际上传递的是对休息的迫切需求。如果能迅速捕捉到这些潜在信号，并做出相应反应，你的服务就不再是普通的服务。

细化的行动力：快速反应，传递关怀

发现用户的隐性需求只是第一步，关键在于如何快速而有效地回应它。

放置一袋热敷眼罩可能只是一个小小的举动，但它传递的是一种关怀的温度。这种温暖，比任何复杂的服务流程都更让人动容。细节满满地行动，不需要过多的修饰，却能让顾客感受到："我被关心了。"

持久的信任感：让"用心"成为常态

单次的服务虽然能让用户感动，但真正建立信任的，是每一次都能做到的细心的关注和点滴的用心。当被用心对待成为常态，顾客自然会对品牌产生深厚的依赖。这种持久的信任感，往往比一时的服务热情更具影响力。

保持好服务的一致性，不仅要满足用户的显性需求，还要看见他们的隐性需求。这种洞察与行动，需要服务者在每一个细节中都始终保持对用户需求的关注和敏锐的洞察力，甚至多花一点时间、多付出一点努力，为他们创造意料之外的惊喜。

试着问自己："我是否听见了用户的潜台词？"你是不是只关注用户说出口的显性需求，而忽视了他们未言说的情感以及细微的动作？

再问问自己："我是否愿意多花一点时间，为用户创造额外的感动？"哪怕只是一个微小的举动，比如在餐厅为顾客安排符合其对光线要求的座位，或在寒冷的天气中递上一杯热饮。这些看似不起眼的细节，能让你的服务与众不同。

用户或许会忘记那些流程化的服务，但他们不会忘记那些让他们感到被珍视的时刻。真正的服务提升，不仅是满足需求，更是对用户情感的深刻尊重与共鸣。

原则七：
好服务，把握服务节奏

这一原则的核心在于根据用户的需求和情境灵活调整服务的节奏。

符合该原则的企业能精准洞察到用户的需求，让用户的痛点不痛，爽点更爽，使得整个用户旅程流畅自然，让用户既不会感到匆忙，也不会感到拖延。

通过强化这一原则，企业能根据实际情况调整服务节奏，引导用户的情感体验，让整个过程更加人性化且富有感染力。

如今，随便走进一家普通小店，我们都会发现各种用心的服务细节层层堆叠——醒目的标语、反复的询问、热情的接待，无处不在的服务人员让人呼吸时都能感受到他们的存在。但很多时候，这样的贴心服务不仅没让人觉得舒服，反而产生了一种窒息感。

有一次，我去一家新开的咖啡店，吧台核心位置放着一张醒目的提示牌："不好喝请告诉我们。"下面还附了一段解释："我们正在挑选和拼配咖啡豆。如果您觉得不好喝，请告诉我们。我们还年轻，感谢您的建议帮助我们成长。"

初看这段话，我心里挺暖的——一家小店愿意主动接受反馈，这种真诚的态度值得鼓励。于是，我买了一杯咖啡，喝了一口，口味中规中矩，没什么特别之处。我正准备转身离开时，吧台的店员探出身子，带着笑容问我："请问口味还可以吗？不喜欢可以重做一杯哦！"

我其实正急着赶飞机，心里想着快点离开。但看到店员满脸期待的笑容，我不好意思敷衍，只得停下脚步，简单回应了一句："挺好的，谢谢。"我以为这个回答足够了，希望她听完能放我走。

然而，事情远没结束。

店员继续追问："我们最近在尝试新的拼配方案，您平时喜欢偏酸一点的，还是偏苦一点的？"我勉强笑了笑，简短回应："都还行。"可她依旧不肯罢休，开始滔滔不绝地向我介绍他们的咖啡豆挑选过程、拼配思路，甚至分享了一些关于烘焙的专业细节。

她的热情让我感到不知所措，时间却在一分一秒流逝。随着她的讲解越来越深入，我的耐心也在一点点耗尽，满脑子想的都是"有完没完？""这和我有什么关系？"，可面对她认真的表情，我又不好意思打断，只得硬着头皮听完。直到她终于说出"欢迎下次光临"时，我才长舒一口气，恨不得立刻逃离。

店员的态度无可挑剔，热情、真诚、耐心，甚至主动关心顾客的反馈。这种服务按理说应该会让顾客产生好感，但为什么却让我感到不耐烦？

服务体验需要有留白

如果一个人反复被同样的事物、方式、强度、频率刺激的时候，反应就会开始变弱，甚至会产生一种厌倦心理。

服务也是如此。将过多的步骤、连续的亮点填满用户旅程，填满整个服务体验的价值表达，不仅会让顾客感到疲劳或困惑，也会限制人与人交互、人与空间交互的生长能力。

就像这家咖啡店，我的需求其实很简单——买一杯咖啡，喝完离开。可店员却希望通过额外的互动和讲解，去"感动"我，让我记住他们的用心。她的初衷是好的，但忽视了我的真正需求，最终只留下了一种负担感，我被迫配合她完成了一场"自我感动"的演出。

对企业而言，这种看似好的服务更是一种不必要的成本损耗。众口难调，一家咖啡店要消耗多少咖啡豆，耗费多少人力，才能让所有顾客都对这一杯咖啡感到满意呢？

有时候，服务不一定是多多益善，因为每一个动作都是成本。知道哪些可以少做，甚至有勇气省略完全不做，是一种雄韬大略。

德国包豪斯学派讲究"Less is More（少即是多）"；古人的诗词讲究"文约意广"；在国画中，留白凭借其简约而不简单，含蓄而富有张力的特质，成为一种风格，画的笔墨越少，却能让欣赏它的人品味出越多的东西。

而服务中的留白，能让体验更加有张力，给予用户想象空间，帮助用户更好地理解和吸收信息，让其有思考和决策的空间，甚至产生惊喜。

如今，越来越多的消费者在逛店时，希望能拥有更自由的购物体验，而不是被过多打扰。很多人逛屈臣氏时，可能总会有导购员跟在身后时不时推销各种产品，购物体验一点也不好。

名创优品的购物体验却不同。它没有导购员，店员也不会随时出现在你身边推销东西。你可以享受一种安静自在的沉浸式购物体验。许多人可能会感到疑惑：为什么名创优品没有导购员？这真的行得通吗？

其实，名创优品的策略简单而高效。它的商品大多数是生活中常见的日用品，而且价格透明，无须导购员来解说或演示。所以，名创优品没有必要依赖导购员来推销产品。这样一来，顾客在购物时，享有了更大的自主权和自由度。

这种做法的另一个好处是为企业节约了成本。对许多企业来说，人工成本是不可忽视的压力。而名创优品的成功，很大的原因在于它尽量减少对人工的依赖，最大限度地降低这部分成本。通过这种方式，它以更低的运营成本实现了门店的规模化效应。

名创优品每家店的员工通常只有5到6人，有的门店甚至只有3人。店员主要负责理货、收银和提供必要的服务，而不是像传统零售店那样，站在顾客身边随时准备推销。这样，顾客在购物时可以专注于自己需要的商品，避免了不必要的打扰。

这种方式对消费者来说，做到了以人为本，既避免了销售压力，又能保持服务的高效和贴心。这种购物体验，或许也是名创优品能迅速崛起并获得大量忠实顾客的秘诀之一。

因此，好服务不仅要设计每一个具体的服务步骤，还要设计步骤之间的留白,让人在体验中感到舒服,而不是让人时刻意识到"自己正在被服务"。

如果服务人员能够观察顾客的状态,懂得适时退场,那么他们与顾客的交流可能会打造出令人愉快的体验,他们的努力才真正有了价值。否则,再多的用心和热情,也只是一场用力过猛的"服务表演"。

用户记住的,是"关键时刻"

一次,朋友和她的丈夫一起去逛街买衣服。店里人不少,但有个导购员特别热心,一直贴身跟着他们,从推荐款式、拿衣服试穿到帮忙换尺码,忙前忙后没停过。她的服务无可挑剔,态度也很好。

试到最后,朋友觉得这家店的风格不太适合自己,便低声对她的丈夫说:"不然去隔壁那家试试吧?"正准备离开时,那名导购员忽然在一旁小声嘟囔了一句:"怎么不早点走?浪费我这么多时间,还让不让人做生意。"

朋友听了脸色一沉,拉着丈夫头也不回地就走了。

听完朋友的吐槽,我心里忍不住感慨:导购员前面提供的那些热情服务,瞬间被这句话一笔勾销了。哪怕这家店的衣服再好、门店环境再舒适,那一刻朋友只记住了导购员说的那句"怎么不早点走"。

这就是服务的真相——用户对服务的评价,从来不是对所有环节打平均分或总分,而是对关键时刻进行打分。心理学家丹尼尔·卡尼曼提出的峰终定律(见图 1-6)指出:人们对一段体验的整体评价,

原则七：好服务，把握服务节奏

取决于两个关键时刻——体验中的峰值和结束时的感受。

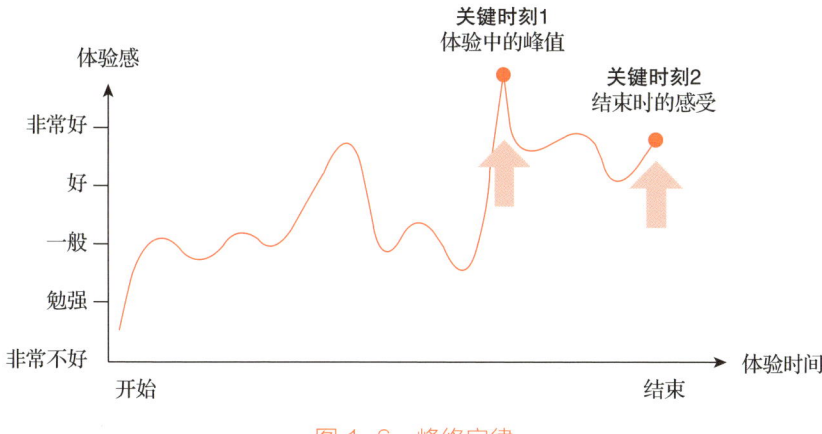

图 1-6　峰终定律

换句话说，用户不会记住服务流程的每个细节，而只会记住让他们情绪达到顶点的瞬间和体验结束时的印象。因此，那些让用户念念不忘的服务，并非靠全程高光，而是靠在关键时刻创造峰值体验。这种峰值可以是一次惊喜、一个贴心的举动，或者是一段愉快的互动。

很多顾客去海底捞点拉面，并不是真的为了吃那碗拉面，而是冲着看表演去的。拉面师傅一边抖动拉面，一边随着音乐扭动身体，还时不时和顾客互动，逗得大家哈哈大笑。

拉面表演并不是海底捞的核心服务，但它却成了顾客记忆中的高光时刻。用餐结束后，顾客对这次体验的评价很可能是"拉面师傅真有趣，下次还要带朋友来"，而不是"菜品和调料很齐全"。

这就是峰值时刻创造的力量——它并不需要贯穿整个服务过程，只要在关键节点给用户留下一个情绪高点，用户就会对整个服务产生好感，甚至愿意一传十、十传百。

反之，一个负面的峰值体验也足以毁掉所有的努力。就像那位导购员，她做得再多，也不及最后一句抱怨的话有"杀伤力"。如果她说的是"感谢光临，下次再来看看"，朋友可能会对她的服务心存感激，甚至还会回来。但她的那句抱怨，直接把朋友的体验拉到谷底，把本可以留住的用户推了出去。

掌控轻重缓急，创造最佳体验

如果服务是一场演奏，用户的体验就像听音乐——人们不会记住每一个音符的起落，但一定会记住最打动他们的高潮部分。好的服务，能根据用户的状态实时调整步骤与留白之间的轻重缓急，引导用户的情感体验，让整个过程更加人性化且富有感染力。

紧凑的步骤，能够快速满足用户的核心需求，比如点餐、下单、取货等环节，节奏越快，用户越满意。适当的留白，则能缓和用户的情绪，避免信息过度和服务过载。例如，在用户等待时提供一杯茶水，或在结账后送上真诚的告别。

用户旅程就是从用户的角度去审视用户所经历的每个阶段及他们与企业或品牌之间发生的触点，并将这些触点串联起来，这样就可以清晰地看到用户情绪的起伏变化，高的地方是爽点，低的地方就是痛点。

我们针对用户旅程独创了创新的十大方法（见图 1-7）：填平波

谷、拔高波峰、优化与用户接触的关键时刻、"凤头"、"豹尾"、延伸用户体验旅程、跳过体验的阶段和活动、服务阶段和活动的重新排序、智能体验，以及彻底重新设计。

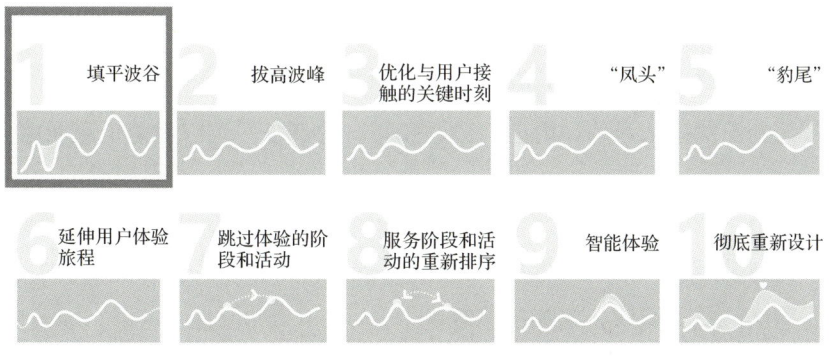

图 1-7　用户旅程创新的十大方法

接下来，我将结合案例示范性地拆解方法一：如何填平波谷，让痛点不痛。如果你想详细了解"十大创新方法"的其他九个方法，可以查看我的上一本书《服务设计：用极致体验赢得用户追随》。

排队是我们生活中的常见痛点，但是这个波谷也意味着设计的机会。那么，如何才能优化体验、填平波谷，将痛点变成爽点，甚至赚到额外收入呢？

我们先来看看星巴克的排队。很多门店点餐或买单的队伍通常是纵向一列的，而星巴克的队伍却是横向一排的。你有没有想过，星巴克为什么要采用横向排队的路线呢？这不是顾客行为的偶然结果，而是星巴克的专门设计。

对顾客而言，横向排队可以让他们看到彼此的表情，产生亲近感，缓解因排队产生的焦虑；此外，他们在排队时可以提早看到墙上的价目表，进行预点单；而且他们还可以看到咖啡师操作的全过程，增强仪式感和体验感。

对工作人员而言，横向的作业吧台可保证接单、做咖啡和给咖啡这三个位置分别有充足的活动空间，工作效率更高；与此同时，顾客在吧台左侧排队点单，再去右边取咖啡，形成秩序可以避免走道拥堵。

对企业而言，横向排队可以充分利用销售空间来陈列产品，这种自助服务相对容易，也能降低劳动成本；同时，也提高了顾客在排队时购买产品的概率，增加销售获利。

第一印象会影响顾客接下来的服务体验，所以，如果顾客必须要等待一项服务，那么最好使等待的时间变成一段愉快的经历。除了星巴克，还有很多企业将这个人人都痛恨的"留白时刻"转化为抓住顾客的"发力点"。

例如，有的机场会给排队的出租车司机和乘客分发区别长短途的出行卡，目的是区别管理：让接到短途的司机有机会从快速通道回来再次接单，同时也减少司机"挑活儿"带来的不良用户体验，甚至还能让异地旅客对这座城市产生更好的印象。

再例如，迪士尼的快速通行证，让用户拥有可以插队的"特权"，航空公司的头等舱、商务舱、金银卡的专属队伍，也是类似逻辑——设计专属的排队区域，将排队这个痛点变成"生意"。

看出来了吗，排队虽然是一个普遍痛点，然而各个企业的解决方案和手法却各不相同。有的改变现状，有的创造惊喜，有的塑造品牌，有的体现特权优势让企业获得额外收入。

对用户而言，一个原本让人焦虑急躁的节点，变成了一段有趣、有惊喜、有收获的过程。对企业而言，当用户感受到服务的温度，有好的体验，对企业有好的印象，他们自然会愿意向其他人推荐；企业还可以将这个痛点设计成生意，创造第二增长曲线。

排队只是填平波谷的一个场景，在不同的场景下，痛点会以各种形式存在，激发用户的负面情绪，如果企业选择忽视或回避，那么用户必然会流失，甚至发生冲突和客诉，造成重大的舆情事件。相反，如果能填平波谷，将痛点转化为新的可能性，对企业和用户而言则是双赢。

关键时刻不会偶然发生

关键时刻，并不总是用户体验的情绪高点，有时也是那些用户真正在意、赋予品牌意义的瞬间。这些时刻往往在无形中决定了用户对品牌的印象以及与品牌的情感连接。因此，与用户接触的关键时刻，不是偶然发生的，而是需要从用户视角出发，精心设计并深刻挖掘。

那么，如何识别这些关键时刻？找到这些关键时刻的简单方法之一是，问用户："你怎样形容这个品牌？"然后继续追问："为什么你会这么觉得？"这个"为什么"，正是揭示用户在意的关键时刻的窗口。

在很多电竞爱好者眼中，华硕旗下的专业电竞品牌ROG门店是

"为信仰充值"的重要窗口。为什么他们会这样形容 ROG？

- 是因为门店的装修风格特别炫酷，充满电竞元素？
- 是因为店员是资深玩家，聊起电竞产品头头是道？
- 还是因为 ROG 卖的都是爆款，甚至有电竞冠军同款设备？

这些回答看似已涵盖了品牌的特色，但真正的关键不止于此。我们曾经为 ROG 的门店体验探索突破点。要找出体验提升的方向，我们首先需要搞清楚：用户为何要光顾 ROG 门店？

在研究阶段，我们对 ROG 的忠实粉丝进行了深入访谈。令人意外的是，他们的热情并不仅仅停留在"打游戏"的层面。对他们来说，ROG 的"败家之眼"不仅是一个品牌标志，更是一种象征，一种信仰。

ROG 的 logo 像一只眼睛，所以玩家常将其戏称为"败家之眼"。因为 ROG 的价格不菲，对很多玩家而言，这个眼睛象征着对极致性能的追求，对游戏体验的极致优化，以及品牌对玩家需求的深入关怀。所以在他们心中，最神圣的时刻，不是购买设备之时，而是他们用自己的手，亲自点亮那颗象征信仰的眼睛之时。

我们和 ROG 合作服务设计时就是抓住这一点，为 ROG 的粉丝设计了一场专属的开机"加冕仪式"，赋予他们一种属于自己的荣耀时刻——"败家之眼"的点亮时刻。就像很多人的第一辆车或第一个房子，拥有它的那一刻总是值得被见证和庆祝的。那么，ROG 粉丝买到自己梦寐以求的设备，是不是也值得拥有这样的荣耀时刻呢？

在 ROG 门店，当你终于拿到期待已久的设备时，工作人员不会急于让你离开。他们为你提供贴心的保姆级服务——全程专业指导，并佩戴手套为你安装设备。最重要的是，工作人员会专门为你设置一个环节：让你亲手按下开机键，点亮那颗象征信仰的"败家之眼"，你从此成为这台设备真正的主人。

这一刻不仅属于你，你的朋友和其他电竞爱好者也将见证你的荣耀"加冕"，共同见证这个充满意义的时刻。

至此，仪式还没结束。为了让这份荣耀更具仪式感，门店为 ROG 的粉丝准备了一辆定制的越野级推车，用来承载他们刚刚买到的心爱的设备。推车上还系着一个巨大的蝴蝶结，拍一张照，立刻就是朋友圈的焦点。

更有意思的是，你推着小推车在整个商场穿行，这条路，既是带设备回家的路，也是你荣耀"加冕"之路——路人纷纷投来羡慕的目光，你的"败家之眼"成了全场的焦点。

回到最初的问题："用户为什么会将 ROG 这个品牌形容为'为信仰充值'的重要窗口？"答案在于，他们亲手点亮"败家之眼"的瞬间赋予了他们身份认同感和价值感。这个时刻，并非偶然发生，而是品牌通过深入了解用户需求，精心设计并打磨出来的。

这个时刻不仅是购买过程的一个延续，而且是一次深刻的情感连接，它让品牌与用户的关系从单纯的交易转变为情感认同。当你能在这些关键时刻让用户感到自己被赋予了独特的身份和价值，你便创造了真正难忘的好服务。

原则八：
好服务，把事落到实处

这一原则的核心在于确保每一个对用户的承诺都得到兑现。

符合该原则的企业确保每一位员工都能在服务中准确执行任务，解决用户的问题，迅速且准确地满足用户需求，避免任何不必要的延误或遗漏。

通过强化这一原则，企业在服务执行上做到言出必行，让用户感受到高度的可信赖性和执行力。

很多酒店和餐厅热衷于为顾客制造惊喜。其中最具代表性的，莫过于海底捞的生日服务。

很多人或许见过这样的场景：一群服务员举着灯牌和道具涌向某桌顾客，齐声高唱生日歌，声势之浩大宛如追星应援现场。可还没等你完全回过神，他们已经快速收拾好道具，转身冲向下一桌，开始新一轮的"生日应援"。

这种标准化的"感动服务"，一度被视为服务的最高境界。可是，当惊喜服务成为固定流程，它的魅力会随之消解。如今几乎所有人都知道，生日当天去海底捞会被服务员组团祝福。这种模式化的"感动",不再是一份意料之外的温暖,而是一场程序化的表演。

不仅如此,这种模式化的服务还可能造成不好的结果。

有的顾客可能会等着服务员过来送祝福,可是有了等待就没有了惊喜,而这种期待一旦落空,便转化为失望。而对那些只想安静吃顿饭的顾客来说,突然被围观、唱歌,甚至"人尽皆知"地庆祝生日,反而成了一种社交压力,他们可能索性以后就不去海底捞了。

当所有顾客都享受同样的服务,个性化的情感连接消失,感动便成为流水线上的标准化产品。惊喜变成了期待,期待变成了压力,最终"感动"成了负担。

不可否认,制造惊喜的方式可以感动用户。但要想让用户真正感动,不是靠制造表面的惊喜,而是要把事情真正地落到实处。也就是,通过深刻洞察用户需求,在他们想到之前,替他们做到。

一位顾客可能并不需要声势浩大的生日祝福,而是希望服务员注意到她点餐时提到的"少放辣"。如果服务员端上来的火锅真的符合她的期待,甚至多送一杯水帮她冲淡辣味,这份体贴比任何灯牌和歌声都更有温度。

做用户想不到,但真正需要的事

很多人可能听说过海底捞为每家门店配备了备用金,但具体这些备用金被用来做了什么,往往鲜有人知道。

事实上,备用金并不是海底捞的独创,丽思卡尔顿酒店就曾提出一项更大胆的政策：每位员工都有权动用最高 2000 美元的备用金，以确保顾客的需求得到满足。

这项政策最初推出时引发了不少争议。不少人质疑："员工会不会滥用这笔钱？企业会因此陷入财务危机吗？"然而，这笔备用金后来成就了一段动人的佳话——一对新婚夫妇的"婚戒奇迹"。

蜜月第一天，丈夫不慎将婚戒遗落在酒店附近的海滩上。海滩的服务人员得知消息后，立即帮忙在海滩上翻找，但茫茫沙海中，寻找一枚戒指无异于大海捞针。最终，他们一无所获，这对夫妇因此度过了一个失落的下午，情绪低落地回到丽思卡尔顿酒店。

当酒店工作人员了解到这件事后，除了安慰顾客，他们决定想方设法解决问题。经过商讨，他们动用了备用金，购买了四台金属探测器，对海滩进行了地毯式搜索。第二天清晨，那枚"消失"的婚戒奇迹般地出现在了早餐桌上。

夫妇俩见到失而复得的婚戒时，喜出望外，甚至感动得热泪盈眶。他们立即写了一封长信，对酒店员工的贴心服务进行了表扬，从经理层面一直夸到高层，表达了对丽思卡尔顿的深深感激。

后来，这件事被媒体争相报道，也为丽思卡尔顿带来了无数的用户。试想，如果你被这样对待过，你一定会到处跟人分享——这就是传奇性的服务，所以要不遗余力地去提供服务，如果员工没有被授权使用这 2000 美元，这件事情是做不到的。

有人可能会对这个故事提出质疑："为什么不去租金属探测器？

那样不是更省钱吗？"或者"员工动用 2000 美元的备用金，为何没有向领导请示？"还有人可能认为这种服务成本太高，不可持续。

这些疑问看似合理，但并不是重点。很多企业习惯性地停留在表面化的服务上——完成流程，提供标准答案。

如果酒店员工仅仅告诉夫妇"我们尽力了，但找不到"，这只能算是服务达标；如果他们提前向领导请示，按流程批准备用金再行动，或许会错过找回婚戒的黄金时间。丽思卡尔顿的员工选择了更主动、更快速的方式，为顾客创造了超出期待的"奇迹"。

他们用实际行动证明了他们对顾客的承诺："我们不惜一切，为您服务。"他们做到了用户想不到但真正需要的事情，让用户的感动发自内心，甚至对这段服务体验永生难忘。

从 1% 开始，成就 200% 的服务

看完丽思卡尔顿的"婚戒奇迹"，有人可能会想："难道非得做出惊天动地的大事，才能感动用户吗？"其实不然，很多时候，落到实处的小事，同样可以赢得用户的心。

我有个朋友，十年来一直光顾同一家汽车维修店。我曾好奇地问他："为什么每次都去那家店？有什么特别的地方吗？"朋友回答："其实没什么特别，就是每次的服务都又快又好。"

其实，在选择这家店之前，他是另一家维修店的老用户。但那家店的维修速度一直很慢，有一次甚至耽误了他重要的客户会议，这让

他非常恼火。那次之后，他决定换一家更高效的维修店。

有一天，他的车与别人的车发生了剐蹭。赶着上班的他将车开到了这家新店，希望维修人员能在 30 分钟内修好车。他心里并没有抱太大希望，但出乎意料的是，维修人员不仅热情接待，还用紧急维修方案在 25 分钟内完成了修理。

那一刻，他心里感叹："比我预期的还快 5 分钟！"正是这个小小的超出预期打动了他。从那以后，无论遇到什么问题，他都只去这家店。

反过来看，如果当时这家店用了 45 分钟，他的这次光顾很可能会成为最后一次。但正是这 5 分钟的超预期服务，让朋友感受到这家店在尽心尽力地为他着想，从而赢得了他的长期信任。

朋友的经历让我想起战国时期的思想家荀子的一句话："不积跬步，无以至千里。"这句话蕴含了一个跨越时代的真理：伟大的成果，总是由细微的努力积累而成。

每个人都希望做成"大事"，但所谓的"大事"往往是无数次"小事"汇聚而来的。对这家维修店来说，它无法承诺 15 分钟内修好所有车辆，但它可以每次都让顾客感受到："我们比你预期的更快、更好。"日复一日，这样的"小"超越最终成为用户心中的"大"事。

用户的需求中，100% 是他们的基本预期。而当服务恰好满足 100% 时，用户可能会满意，但这种满意不会特别值得记住。只有当服务超出 100%，哪怕只多做 1%，用户才会觉得：你在用心为他们服务。

一次 200% 的服务可能令人惊艳，但也可能难以持续。突破性的大服务固然可贵，但并非每次都能做到。相反，每次都比用户预期的多一点，不需要巨大成本，却更容易日积月累地感动用户。

主动服务，做积极的行动者

荀子还说过一句话，我很喜欢并且把它贴在公司的门上："闻之不若见之，见之不若知之，知之不若行之。"光有想法不如亲身去做，一百个想法也不如一个实际行动。

在服务工作中，这意味着把服务转化为具体的行动，让用户切实感受到服务的诚意。这需要我们把"要我做"变成"我要做"，不仅是按照流程执行、被动响应，更要用心去思考，积极主动为用户服务。就像我之前提到的，做好服务的关键在于，在用户提出需求之前先行一步。

一个来自美国联邦快递的经典案例，也许能带来很多启示。

有一次，一位女士致电快递员，她即将结婚，但她的婚纱却"卡"在了佛罗里达州。她焦急地告诉快递员："婚纱原本今天中午就应该送到，但现在已经下午三点了，明天我就要结婚了，你能帮我吗？"

这名快递员没有回避，也没有简单地说"不可能"。他立刻利用公司的跟踪系统查找包裹，直到第六次拨打电话，终于确认包裹在距目的地 300 公里外的底特律。

在那时，底特律的运输机全都在运送其他货物，无法调度。快递员意识到，如果不在当天送达这个婚纱，这位女士的大日子就可能受到影响。

于是，快递员毫不犹豫地决定租用专机，将包裹直接空运到这位女士所在的小镇。

这一决定虽然大胆，但这名快递员深知，这不仅关乎用户的婚礼，更关乎公司在当地的声誉。租飞机送婚纱听起来也许有些不可思议，但正是这份责任感，最终赢得了用户和其他小镇人的信任与好感，帮助联邦快递在当地打开了市场。

这是设计好服务基因重要的一环——主动作为，视用户需求为己任。快递员没有消极对待用户提出的问题，而是以行动解决问题，并超出了用户的预期。这种积极行动的精神，不仅让用户感动，也让公司赢得了口碑和用户忠诚。

服务人员如果仅仅满足于完成日常任务，工作就会变得机械和拖沓。相反，如果员工主动去发现并解决用户的问题，不仅能在工作中取得更高的成就，还能帮助企业赢得声誉。如果你想成为一名积极的"行动者"，在提供服务时可以试着努力做到以下 4 点。

- **快速行动**：不要拖延，任何延迟都可能让用户感到被忽视。
- **积极热情**：用愉快的心情提供服务，避免带有消极情绪。
- **不说"不能"**：如果能力允许，就不要找借口或者回避问题。
- **不要设限**：想尽办法帮助用户，而不是列出限制条件或借口。

我常常提起非洲经济学家丹比萨·莫约的这句话："种一棵树

最好的时间是十年前,其次是现在。"主动出击,让每一位用户都感受到超越期望的服务,这正是"行动者"与普通服务人员的区别。

老板的激励也要落到实处

企业的管理者可能认为,只有少数员工会成为积极的"行动者",而大多数员工则需要外部激励才能发挥最大潜力。为了激励员工,一些企业可能采用激进的"打鸡血"的方式。例如,早晨召开集会,员工整齐列队听老板激情演讲,通过喊口号或唱歌来鼓舞士气。

我拜访过一家初创公司,当时正好是这家公司的晨会,一进门便看见老板带着满腔热情,站在全员面前,激情澎湃地宣讲公司的伟大愿景。大家齐声高喊口号,甚至连老板的"加油"都能引来阵阵掌声,听起来气氛热烈,士气高涨。

这种活动看似能激发团队的战斗力,但如果过于频繁,管理者就该警惕了。我发现,晨会结束后有几名员工小声抱怨了几句,看着他们一脸的疲惫,仿佛刚才的场景是一场假象。问题就出在这里:员工高喊口号是发自内心的对企业目标和愿景的认同,还是仅仅在执行一个硬性规定?

如果是后者,员工在一开始或许会因为激情满满的演讲而感到振奋,但当这种"鼓舞"变成了例行公事时,它就不再有意义,反而让人感到压抑。久而久之,员工不仅没有被激励,反而会产生厌烦情绪，甚至在内心形成心理压力。

试问一下，如果你是一名企业管理者，你想要的是一群因热爱工作而主动付出的人，还是一群为了应付任务而被迫工作的人？显而易见，后者的表现远不如前者。

因此，管理者需要理解，激励并非靠高调的措施，而是要落实到具体行动和细节中。这并不意味着每一个激励措施都需要巨大的投资，而是要找到激发员工积极性的真正动力。

很多管理者忽视的一点是，愿意为公司付出努力的员工，他们的核心目标并不是为了老板的成功，而是为了自己能过得更好。当员工与企业的目标和愿景达成一致时，便能形成双赢的局面。

那么，员工关心什么呢？首先当然是薪酬，但除此之外，员工更渴望得到尊重和信任。他们希望自己的能力得到发挥，在工作中感受到自己的价值，并且觉得自己是企业成功的推动者，而不仅仅是一个被雇用的工具。

让我们回顾一下丽思卡尔顿的做法。每位员工都有权使用最高 2000 美元的备用金来满足用户的紧急需求，甚至不需要经过上级批准。这种高度的授权，促使员工在关键时刻能迅速做出决策，正因如此，丽思卡尔顿创造了震撼人心的"婚戒奇迹"。

同样的道理，联邦快递的成功也离不开员工的主动性。在紧急任务中，快递员通过公司授权，直接租用了飞机，确保包裹能够按时送达。这种从上到下的信任和授权，直接促进了用户忠诚度的提升，也帮助联邦快递打开了新的市场。

员工之所以能够超越预期地工作，往往是因为他们感受到自己对工作的掌控和对企业的责任。如果管理者只是强制员工执行命令，而不给他们决策的空间和信任，那么员工就会觉得自己是被雇用来完成任务的工具，这种冷漠感让他们如何能全情投入？

原则九：
好服务，鼓励人人有责

这一原则的核心在于包括老板在内的每一个员工，都对服务质量负责。

符合该原则的企业确保每一位员工在服务的过程中都能提供专业、高效的支持，同时让员工以积极、友好的态度对待用户，为用户打造优质的体验。

通过强化这一原则，每个员工都能在自己的岗位上对用户负责，共同为服务的高质量负责，从而推动企业服务文化的全面优化。

2023年的冬天，我付出"惨痛的代价"体验了一把海南航空的特殊旅客服务。时至今日，我依然记得那个瞬间，当我从云顶滑雪公园的跳台飞起来时，上一秒我还在空中兴奋欢呼，下一秒我就痛得说不出话——我摔伤了腿！

而接下来，我得忍着伤痛，赶到高铁站，再从那里辗转前往机场，赶上飞往上海的航班，而此时距离起飞时间仅剩几个小时。时间紧迫，伤痛难忍，几乎每一步都像是和身体极限的较量。

好不容易抵达机场时，我的腿已经疼得站不住了。无奈之下，我拨通了机场客服电话，抱着一线希望请求借用轮椅。电话那头却冰冷

原则九：好服务，鼓励人人有责

地回复道："需要提前 24 小时预约。"我愣住了，24 小时？意外无法预测，除了长期伤病患者，谁会为自己提前一天预约轮椅？

我再次解释了我的伤情，恳求对方灵活处理，但客服的语气依然生硬："您可以去 12 号门，那里有现场的轮椅服务。"挂断电话，我急忙让司机改道前往 12 号门。然而，当车开到门口时，我才发现门是关着的！

门外的指示牌写得清清楚楚："请从 10 号门进入。"可惜，送我来的车辆已经无法调头，我只能硬着头皮拖着伤腿，从 12 号门慢慢挪到 10 号门，再一瘸一拐地走进机场。艰难地找到 12 号门附近的爱心服务台时，我终于看到了希望，轮椅近在眼前。

然而，工作人员却以轮椅已经全部借出为由拒绝了我，我当场愣住，不敢相信自己的耳朵。继续沟通无果后，对方才淡淡地说了一句："您可以直接找航空公司，它的服务会更好。"至此，一路的奔波与挫折让我内心只有一个念头——世界上真的还有比这更糟糕的服务吗？

我被"推"进了温暖的归途

我要乘坐的是海南航空（以下简称海航）的航班，值班经理看到我一瘸一拐，没有多问一句，直接推来一把轮椅让我坐上去。这份毫不迟疑的关怀，瞬间点亮了我疲惫的归途。

但我仍然担心后续服务是否也会顺利，于是小心翼翼地问了一句："到了上海虹桥机场，我还能借到轮椅吗？"工作人员的回答给了我意外的惊喜："我们提供的轮椅服务默认是双程的。"我无须二次联系，可以坐着轮椅登机，待我到达上海虹桥机场后，还可以继续享受轮椅服务。

我心里暗想："竟然比我预想的还要周到。"于是，我决定好好体验这份用摔伤腿换来的特殊旅客服务，看看它是否真的能让我无后顾之忧。

去往安检的路上，一位穿着红色马甲的工作人员接手推轮椅。每当遇到小坎儿、小坡或地面接缝时，他都会放缓速度，甚至轻轻抬起轮子，避免哪怕一丝颠簸导致我腿疼。这种细致入微的关怀让我由衷感到，这不是一次简单的服务流程，而是一场全程呵护的旅程陪伴。

更让我感到意外的是，我的家人也和我一起从特殊通道优先过检，整个过程快速而顺畅。过安检时，一个细节再次触动了我：安检员看到我坐在轮椅上，于是单膝跪地进行检查，保持与我平视的高度，用温和的语气询问我的随身物品情况。这种姿态和语气，给人一种被尊重的感觉，不会让人因行动不便而感到尴尬或不被重视。

这"一路绿灯"，不仅让我顺利过检，更让我感受到了一场被照顾到底的旅程。

我和飞机餐一起登机

航班停靠在远机位，登机旅客需要走上客梯才能进入机舱。我坐在轮椅上心里不禁打鼓："我该怎么登机？"还没等我多想，工作人员已经推着轮椅，将我带到了飞机头部的一架小型升降机前。我很快意识到，这台升降机通常是用来运送飞机餐食的，但此刻，它也为我而升。

空乘早已等候在机舱口迎接我："女士您好，欢迎登机。请问您去座位前是否需要先去卫生间？"我回复道："谢谢提醒！好的。"心里忍不住感慨：这个提醒真是既贴心又及时，不然起飞后更折腾。

系好安全带后，我终于长舒了一口气，旅途的疲惫和不安，仿佛也随着飞机的升空而渐渐消散。我打开海航的 Wi-Fi，发现机上娱乐系统除了常见的电影、音乐和节目外，还特别推出了 Social Media 系列视频。

这些短片由不同岗位的海航工作人员拍摄而成，分享他们的日常趣事、航空科普小知识，甚至讲述他们在海航的成长故事。说实话，视频制作得并不算精美，但视频中的真实和亲切感反而打动了我。

我平时是个谨慎的人，很少主动注册航空公司的会员账户，不喜欢多透露个人信息。可这一次，我毫不犹豫地一键注册，成了海航会员，算是对这一路服务的某种情感回应。

进入会员商城后，我意外发现，除了数字内容和积分兑换，还有精选的海南特产购物选项。我果断下单了海南鸡，借此延续这趟特殊旅程带给我的温暖记忆。

提供好服务，是人人有责的过程

高铁站、机场和航空公司普遍提供轮椅服务，但这次海航的顺滑服务体验，彻底打败了我以往在机场的所有经历。这让我深刻体会到，提供真正的好服务，从来不是某个岗位的专属责任，而是一个人人有责的过程。

丽思卡尔顿酒店创始人霍斯特·舒尔茨曾提出，只要用户对前四个接触他的人有好感，就几乎不会产生投诉。这个理论听起来简单，但要真正做到却不容易。

海航的工作人员做到了。值班经理主动上前询问我的情况，并迅速安排轮椅服务，还细心解答了我关于登机流程的疑惑——这是第一个人。随后，推轮椅的工作人员一路小心翼翼，时不时停下来确认我是否舒适——这是第二个人。在过检环节，特殊通道的工作人员让我们"一路绿灯"，仅用 30 分钟就完成了安检、托运等流程，简直像是一次意外升级的 VIP 服务——这是第三个人。而在安检口，安检员单膝跪地为我检查行李——这是第四个人。

每一个细小的善意叠加在一起，悄然化解了此前的不满情绪。等到登机后，我甚至心甘情愿地下单了两只海南鸡，还开玩笑地对家人说："有这样的服务，多飞几次海航也愿意啊！"霍斯特的理论精准地揭示了用户心理：服务的温度，不是一次性的，而是贯穿始终的。

这种服务意识，绝不仅限于直接面向用户的岗位。在一个组织中，所有与人接触的岗位都在提供服务。问题是，很多企业管理者虽然高谈阔论"全员服务"的重要性，却往往忽略了真正的落地实施。当我向他们提问："你们是如何具体培训员工去服务的？"他们大多含糊其辞，仿佛觉得"服务"只是个不痛不痒的口号。

服务意识的培养，不是写在墙上的标语，而是渗透在日常工作的每一个细节中。真正的服务者，不仅要在用户开口时提供帮助，更要在他们还未开口时，就准备好答案。要想实现这样的服务标准，不仅需要流程和制度的支撑，更需要每一位员工拥有发自内心的责任感。

毕竟，服务不仅仅是职业的要求，更是人与人之间互相关怀的体现。

不是你的事，也可以负责

一位商界顾问曾在帮助数十家经营不善的公司后，总结出员工言语中最常出现的两大危险信号：**一是过多使用"他们"一词**，比如"他们搞砸了""他们不明白"；**二是频繁说"我不负责这个"**，言外之意就是"这件事与我无关，不要来找我"。

这两大信号传达出一个危险的信息：员工认为用户的需求与自己无关，觉得总会有别人去处理。然而，真正的好服务，恰恰源自"我来负责"的态度，而不是推给别人。

这个理论，在我的机场经历中得到了淋漓尽致的验证。当我好不容易找到机场的爱心服务台时，轮椅就在眼前。然而，工作人员的第一反应却是直接拒绝："我们不能借给您，您得去找航司申请轮椅服务。"

我忍住情绪，耐心询问："如果航司不给我轮椅，能不能再回来问你借呢？"没想到，工作人员竟然回答："可以。"听到这句话，我的内心瞬间崩溃："非得让我再折腾一次，再次被拒绝，才能借给我吗？"我被一次次推给"别人"，没有人愿意为此承担哪怕一丝的责任。

一个组织的目标，从来不只是完成眼前的服务流程，而是运用一切方式让用户愿意再来，并持续复购。因此，用户的问题，永远不该被推开。即便员工的岗位职责无须直接面对用户，他们也应该有服务意识，应该明白：当用户需要帮助时，自己就是"第一责任人"，自己就是最直接、最有效的解决者。

想象一下，如果那天的爱心服务台工作人员，能在看到我拖着伤腿时主动帮我联系航司，或者直接借给我轮椅，我的感受将会截然不同。我不会因为被拒绝而崩溃，不会在机场里东奔西跑，也不会只记得他们的冷漠。反之，我会记住他们的好，并在未来的旅程中更愿意选择这个机场、这家航司。这就是服务的长期效益。服务的终极目标，不是完成某个任务，而是赢得用户的心。

员工之间也要有服务意识

很多人一提到"服务"，首先想到的是用户。然而，有些服务人员在对外与用户打交道时可能表现得非常客气，而对内面对同事时却变得冷漠甚至不耐烦。这种"对外是服务，对内是应付"的错觉，恰恰是缺乏服务意识的表现。

服务，不仅存在于用户和企业之间，更存在于组织内部的每个岗位之间。任何一位员工，无论其是否直接面对外部用户，都有"内部用户"需要服务。如果组织的内部服务不到位，外部用户体验最终也会大打折扣。

原则九：好服务，鼓励人人有责

在餐饮行业里，厨师通常不直接面对顾客，但这是否意味着厨师与"服务"无关呢？

试想一个场景：顾客在米其林餐厅点了一道创意菜，服务员将菜端上桌时，却对顾客提出的问题一问三不知。"这道菜为什么要搭配这种酱汁？""这是什么特别的做法？"如果服务员无法解答这些问题，即便菜品再精致，顾客的感受也会因此变差，甚至直接影响到顾客对餐厅的评价。

此时，服务员该怎么办？他们需要厨师为他们提供足够的内部支持，包括详细讲解菜品的用料、做法、创意灵感，以及特殊吃法等信息。只有服务员掌握了这些知识，才能自信地为顾客打造满意的服务体验。

因此，厨师的"用户"是服务员。他们为服务员提供的每一个解释、每一个知识点，最终都会间接传递到顾客的体验中。如果厨师拒绝提供支持，那么餐厅的服务链就会出现断裂，再好的菜品，也无法通过优质服务传递给顾客。

每个员工都是服务链上的一环，如果某一环出现问题，整个服务链都会被打破。如果洗碗工没能及时清洗餐具，就无法快速出餐；如果采购员选购的食材不符合标准，菜品质量就无法保证。

因此，服务意识不仅是对外的，更是对内的。只有内部服务链畅通无阻，外部的用户服务才会真正有温度、有力量。每一位员工都需要清楚地知道：我在为谁服务？我的"内部用户"是谁？如果员工无法清楚地回答这些问题，那么组织就需要为他们指明方向，可以问员工以下几个问题。

- 你的工作结果，最直接影响到谁？
- 在你的工作中，谁最需要你的支持？
- 你需要什么帮助，才能更好地完成自己的工作？

老板的服务对象是员工

那天的飞机即将落地时，还没等我开口，一位海航空姐便走到我身边轻声说："女士您好，飞机降落后请您稍等，让其他乘客先下机，我们已安排好轮椅接您。"听着柔美的声音，我不禁回味起这一路作为特殊旅客感受到的服务温度。

就在这时，我注意到她们忙碌的身影。每一位海航空姐都身穿特制旗袍——花纹仿佛海浪，又似青花瓷，裙摆宛如一朵盛放的郁金香，行走间步履轻盈，顾盼生姿。

后来我得知，这套名为"海天祥云 Rosy Cloud"的制服，出自著名服装设计师劳伦斯·许之手。我由衷感叹：真正的好服务，既能赢得用户的追随，也能让每个员工为自己的身份感到骄傲。这并不意味着每个企业都要像海航一样为员工提供美观的制服，而是老板要将员工视为自己的服务对象，让员工体验到尊严感。

然而，很多企业对待员工的态度，就像对待办公室里的桌椅和打印机，认为员工不过是完成某项任务的工具，甚至抱怨他们为何不能像机器一样 24 小时不停运转。哪怕是每天 8 小时工作制的奠基人之

—亨利·福特，也曾说过一句冷冰冰的话："我只是需要一双干活的手，却不得不雇用一个人"。

这种观点或许在工业革命时代有效——人是流水线上一个可以替换的零部件。但在今天的服务经济时代，一个被剥夺"人性"的员工，如何提供"人性化"的服务？只有让员工感受到尊重和认可，他们才会在面对用户时传递出温度，提供人性化的服务。

例如，在一家酒店，真正影响用户体验的，不是老板而是一线员工——前台接待、客房服务、餐厅侍应。如果他们的服务不到位，再完美的战略也只是纸上谈兵。同样，对于航空公司，乘客不会在意高管是否出现在候机厅，但他们一定在意登机时有没有人迎接，机上服务是否周到。而这直接决定了企业的形象和经济效益。

因此，员工不是老板的工具，而是老板的服务对象。老板招聘的不是干活的手，而是有血有肉的人，他们有思想、有感情、有追求。员工需要的不仅仅是薪水，更需要责任感、荣誉感和归属感。

一家优秀的企业，不是简单地让员工完成任务，而是为他们提供实现自我价值的平台。只有当员工感受到被尊重、被认可、被赋予成长的机会时，他们才会发自内心地投入工作，将自己的满意感传递给用户。换句话说，老板对员工的服务质量，决定了员工对用户的服务质量。管理者可以问问自己以下这几个问题。

- 我的员工需要什么支持，才能更好地服务用户？
- 我能为员工提供哪些资源和帮助，让他们感受到工作的意义？
- 我有没有给员工创造机会，让他们在这个行业中有所成就？

原则十：
好服务，适当使用减法

这一原则的核心在于去除不必要的环节，集中精力提供用户真正需要的价值。

符合该原则的企业注重简化服务流程，去除冗余步骤，使用户能够轻松、快捷地获得所需服务。去除多余环节后，整个服务过程能够保持高效，避免不必要的等待和复杂的手续。

通过强化这一原则，企业能精准地满足用户的核心需求，同时避免过度服务带来的困扰和负担。

很多人看完前九个原则可能会想："我要把用户体验做到极致。"但这种思路很可能让企业陷入困境。为什么这么说？我想分享一个我们和一家物业管理公司合作时发生的小故事。

这家企业位列"中国物业管理企业综合实力十强"，在物业市场中以"精致、高端"的服务闻名。然而，当它尝试进入中端市场时，却遇到了一个两难的问题：为了不对品牌形象造成不可逆的伤害，它没有轻易降低服务品质，但如果维持高端物业的服务模式，成本会居高不下。

简单来说就是，假如它原本提供的物业服务收费标准是10元/

原则十：好服务，适当使用减法

平方米，现在要为收费标准为 3 元 / 平方米的小区提供物业服务，如何在不降低服务品质的情况下，降低服务成本？

我们进行了深入的小区实地走访，希望从业主的日常体验中找到答案。

没人在意扶手擦了几遍

一个有趣的发现是，保洁服务的具体操作标准并非像企业所设想的那样重要。原有标准规定：水面上不能有一片落叶，楼梯扶手每天擦两遍，分别在上午 10 点和下午 2 点。所以，保洁员每天会花大量的时间捞落叶和擦扶手。

但当我们询问业主小区卫生如何时，大部分人根本没注意到这些细节。他们更在意的是自己有没有"看见"保洁员在工作。当他们出门上班时，如果碰巧看到保洁员正在家门口拖地，他们会觉得小区卫生做得不错。毕竟，大家通常只关心自己附近的一亩三分地。

业主判断小区卫生状况最直观的标准是垃圾桶附近是否干净。如果垃圾桶满溢无人处理，他们会认为物业缺乏管理。而他们对物业的最大不满，其实是反馈问题得不到及时解决，比如当他们发现小区道路被异物挡住，打电话给物业后迟迟无人处理时，他们的服务满意度就会大打折扣。

这让我想起"好服务，把握服务节奏"的原则中的一个观点，大意是说设计好服务是一种平衡的艺术，它是步骤与留白的权衡。这其实不仅关乎用户的服务体验，也是企业管理成本与资源分配的体现。

服务并非所有地方都要做到 100 分，有的地方做到 60 分就够了，有的地方甚至可以完全省略。如果企业在本可以完全省略的部分，投入 100 分的成本，那么可能会造成资源浪费。

就像这家物业公司，可能投入了 100 分的人力成本在捞树叶和擦扶手上，但对业主而言，扶手擦一次还是两次，水面有无零星的落叶，感知并不明显。接下来，我们要厘清哪些工作可以少做，甚至完全不做，还有哪些工作需要重点去做。

只投入 60 分，也可以达到 100 分

捞树叶和擦扶手的工作听起来无可挑剔，但问题在于业主几乎没有注意到这些努力。如果保洁员不需要这么做，那么，如何才能让业主觉得小区卫生做得不错呢？

我们提出了一个关键策略：让保洁员的工作"看得见"。

让保洁的工作"看得见"

我们优化了保洁时间安排，让保洁员能在业主"眼皮底下"工作。

这样，业主无意中看到保洁员拖地、清扫的场景，会自然联想到"小区卫生不错"。但这里也有一个细节需要注意：保洁员的"露面"要适度。比如在早高峰时段，很多业主急着出门上班，如果保洁工作恰好占用电梯或过道，反而可能引发不便，导致体验感下降。

所以我们建议企业将清扫工作安排在非上下班高峰期的业主活动

原则十：好服务，适当使用减法

时间，这样既能让保洁员在大多数业主回到小区、活动频繁的时间段恰到好处地露面，又避免了在上下班高峰期占用电梯或走道，保障了通行顺畅。这样精细化的安排，既能让业主看见服务，又不会打扰他们的日常生活。

这个"讨巧"的方法让业主的感知大大提升。因为服务的价值不在于标准有多高，而在于用户能否看见并认可它的存在。

部分烦琐的工作可以简化，那么哪些服务内容应该重点加强呢？

专注用户真正关心的地方

垃圾桶满溢且无人处理，是业主对物业最直接的负面评价来源。所以，我们建议保洁员优先关注垃圾桶周围区域，保持常态化清洁。这种看得见的、立竿见影的卫生改善，极大地提升了业主对物业服务的认可度。

同时，我们建议物业引入小程序报修系统，这样业主遇到问题就能直接反馈，而不需要到处找人，物业接收到报修信息后能及时响应。同时，为了提高问题解决的效率，我们还建议强化保安与保洁员之间的联动。

在过去，保安和保洁员之间的工作是相互割裂的。但我们发现保安在巡逻时，能注意到很多保洁员看不见的地方。保安其实相当于保洁员的一双眼睛，他们在巡逻时发现垃圾或障碍物，可以立即通知保洁员处理，或者直接自己处理。

这种高效的协作机制，让业主的问题能快速得到解决，进一步增强了他们对物业的信任感。

服务的好坏并不完全取决于标准有多高，而是用户能否真实感知到服务的价值。如果这家物业企业依然执着于"楼梯扶手每天擦两遍"的高标准，既浪费资源，也难以得到业主的认可。

与其一味做加法，追求 100% 覆盖，不如找到用户真正的需求点，适当做减法，让每一项投入都发挥最大效用。哪怕减少了部分服务内容，依然能赢得用户的满意。

就像这家物业公司，通过优化保洁时段、关注垃圾清理、提升响应速度等小细节，用 60 分的投入，打造出用户心中的 100 分服务。

做减法，但服务的温度不减

近几年，许多企业在追求降本增效的路上越走越窄。它们追求的往往是消除"看得见的浪费"，即减少物业行政服务预算，例如把厕所每个蹲位一卷纸换成门口一卷纸，把食堂免费的打包袋取消，把快递服务从顺丰变成韵达等。

但如果只是将降本增效等同于简单粗暴的"削减"，不仅可能得不偿失，甚至会破坏企业的基本服务能力和用户体验。

这是很多企业困惑的地方：如何才能更巧妙地做减法，既减少成本，又不失服务体验呢？这也是我们在与深圳市万物梁行物业服务有限公司（以下简称万物梁行）合作时，遇到的核心命题。

万物梁行，这家由万物云（原万科物业）与戴德梁行联合成立的

原则十：好服务，适当使用减法

商企物业服务公司，在中外基因的交融下，既保留了国内物业的灵活性，又结合了国际服务的标准化。

我们在前几年与其合作，定义了 Z 世代办公中的"惊喜服务"，而在 2024 年，面对经济大势的变化，它希望通过服务设计，为商企客户提供更有性价比的物业服务。

我们根据商企对物业服务需求的差异，划分了基础、期待、兴奋三大类场景，将复杂多样的服务模块化、明码标价，理论依据参见KANO 模型（见图 1-8），KANO 模型是由东京理工大学教授狩野纪昭（Noriaki Kano）在 1984 年提出的，旨在深入剖析用户对不同需求的偏好排序。

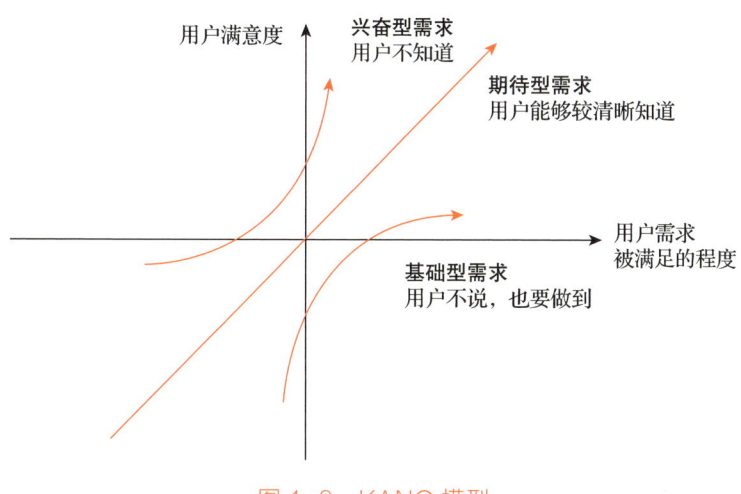

图 1-8　KANO 模型

基础型服务：不做就会"翻车"

什么是基础型服务？这是企业运营的底线，也是用户感知最强的部分，一旦缺失这些服务，用户的体验就会变得很差。试想，如果你的企业要降本增效，你觉得最没有办法砍掉的物业服务是什么？

首先是维持企业形象的服务。例如大堂是企业的"门面"，无论降本到什么程度，门岗和前台绝不能"脏乱差"。如果你早上走进大堂，发现满地是脚印，垃圾桶溢满却无人清理，第一印象可能就崩塌了。

其次是物业能快速响应和解决企业的问题。如果员工办公时，空调突然坏了，或者电梯故障却迟迟得不到响应和处理，员工的安心感和信任感会迅速下降。

最后是基础设施运行顺畅。当写字楼的电梯频繁故障、空调三天两头出问题，或者网络不稳定，企业的日常运营势必受到干扰。这种保障效率的问题，是物业服务的生命线。

因此，我们明确指出，**基础型服务的核心是三个关键词：面子**（形象管理）、**响应**（快速响应）、**效率**（运行顺畅）。

期待型服务：非必需但锦上添花

相较基础型服务，期待型服务是用户低感知，但实际提升服务体验的"锦上添花"型服务，例如"延展保洁服务"。

有些企业的高管在繁忙的工作之余，几乎没有时间和精力去处理自己的居家卫生问题。这时，物业服务不仅在写字楼中保持办公环境的整洁，还延伸到了企业为高管配置的公寓中——提供高品质的保洁、衣物清洗熨烫等服务。

这项服务虽然没有明码标价，却像润滑剂一样，拉近了商企与物业之间的距离。试想，当企业高管在忙碌一天后回到家中，发现房间整洁如新，衣物熨烫平整，心情会如何？这不仅提升了企业高管对物业服务的认可度，更让他在下一年物业合同续签时，多了一个坚持选择的理由。

更重要的是，更换物业或保洁服务意味着需要适应新的服务人员和流程，而这种适应过程往往带来麻烦与不便。出于习惯的心理，用户通常不会轻易更换一个已经让他们满意的服务提供商。

于是，延展保洁服务不仅是一种锦上添花的服务，更是一种提升用户黏性的战略举措，在无形中为物业服务增加了情感价值，有利于与企业用户保持长期稳定的合作关系。

兴奋型服务：打造差异化的惊喜体验

兴奋型服务是那些用户原本未预期，却能带来惊喜感的服务，它们常常是打造差异化的关键。

例如，万物梁行为年轻化的互联网企业提供宠物办公服务，设置宠物专属区域，让员工能和自己的爱宠一起上班。此外，配备游戏室、理疗室、小邮局等，打造一种有趣、舒适的职场环境，提升员工的幸福感。

而针对金融企业，万物梁行则提供前台文件整理服务。

金融企业在日常运营中，每天前台都有大量的文件和快递，有些并非普通的信件，而是关系到企业生死的重要文件。比如，它可能是一份法院寄来的法律文件，如果滞留在前台无人及时处理而超过法定回复期限，企业可能因此面临巨大的法律风险和经济损失。

针对这种高风险场景，万物梁行通过前台文件整理服务有效解决了问题。它安排专人对所有到达前台的文件进行分类和跟踪，这样的服务，不仅帮助金融企业规避了潜在的法律风险，还让企业在繁忙的事务中多了一份安全感。

乐高式服务模块，降本增效更有效

我们在梳理了物业服务的数百个细分场景后，为万物梁行设计了一套"乐高式服务模块"，将复杂的服务内容拆解成一个个独立的服务模块，并且对每个服务模块都进行了分级。

其中，基础型服务模块，比如标准化的保洁、维护、安保等，是企业的必选项，但是我们也针对企业的不同需求，形成了"简约包、标准包、臻享包"三个不同等级的物业服务包供它们选择；期待型和兴奋型的服务模块，比如高管公寓保洁、宠物办公区、理疗室等，企业可以根据自己的预算自由选择。

这些模块就像一粒粒乐高积木，商企可以按照自己的需求搭建专属的物业服务。

原来，万物梁行的很多服务内容并没有明码标价，比如之前提到的高管公寓保洁服务。这就导致万物梁行在用户要求增加服务时，只能硬着头皮免费服务。而通过服务模块化设计，每一项服务都清晰划分，并且明码标价。

对商企而言，它们可以明确地自主选择"我想要什么，我不想要什么"，比如一家企业预算有限，可能只选择基础型服务模块；另一家企业希望打造年轻化职场，可以在基础型服务模块之上，增加宠物办公区服务模块；一些企业则会先从基础型服务模块开始，等未来预算充足时再追加更多服务模块。

这样的设计，既能让万物梁行的客户感到划算，也能让万物梁行减少不必要的成本投入，把力气花在更明确的服务上，并将原本模糊的服务需求转化为明确的收入来源，可谓一种双赢。

降本增效，也需要一个"支点"

很多人认为降本增效就是"越砍越省"，在我看来，这是一种"蛮力"。

古希腊物理学家阿基米德曾说过一句家喻户晓的话："给我一个支点，我就能撬起整个地球。"这句话道出了杠杆原理——你只要利用杠杆，就能用一个最小的力，把重物举起来，这就是"巧劲"。

但通过和万物梁行的合作，我发现，降本增效其实也存在一种杠杆原理——精准定位用户的真实需求，找到"该砍掉的"和"该优化的"，让60分的投入达成100分的满意，这也是一种"巧劲"，因为越精准越省。如果我们一味追求减少投入，却忽视用户的体验和服务的核心价值，无异于舍本逐末。

我也更确信，好服务的"减法艺术"，即找到最有效的支点，不牺牲用户体验，甚至能让他们觉得有点赚，这值得每一家追求长远发展的企业学习。如果你是一名企业决策者，当你想要削减成本，把每一分钱都花在刀刃上时，不妨先问自己以下几个问题。

- 我的用户真正关心的是什么？
- 哪些服务的感知度高，哪些是"隐藏浪费"？
- 在用户关注度较高的点上，我能做什么动作、提供什么服务内容？
- 在用户关注度较低的点上，我能取消什么动作、减少什么服务内容？
- 在不降低用户满意度的前提下，我能降低哪些服务标准？
- 哪些业务板块联动，能节省时间、人力、技术成本或者金钱？

改变的价值，要大于改变的成本

说到降本增效，不少企业现在都在研究如何用科技取代人工，实现自动化服务。

唐纳德·诺曼曾向我提过一个观点，我深有感悟。他引用了他的著作《设计心理学》中的一句话："如果用新的方式做一件事只比原来的方式好一点，那么最好与以前保持一致。"

这句话并不是反对创新，而是提醒我们，任何改变都需要权衡成本与收益。如果创新只为"与众不同"，却未能带来实质价值，只会让用户困惑甚至反感，此外，可能还会大幅增加成本。

医疗服务如果过于强调技术突破，忽略患者的心理舒适度，可能导致治疗方案难以被接受。手机操作系统如果为了追求新颖，将用户熟悉的菜单布局完全重设，不仅难以提升操作效率，还会让用户手足无措，甚至抗拒使用。

有效的创新，是从用户的行为出发，理解他们"做什么、为什么做、怎么做"，再在此基础上设计解决方案。当新方式明显优于旧方式时，用户会愿意克服改变带来的不适，接受新的体验。

现在，越来越多的餐厅和商超都推行自助结账服务。这一改变的初衷，可能是为了提升效率，但实际上，很多时候它并没有真正达到预期效果。

顾客要一件一件地扫描商品，在这个过程中，可能会不小心多扫商品，或者系统突然出现错误，最后还是需要呼叫服务人员帮忙。这种自动化不仅没节省时间，反而带来更多麻烦。

但优衣库的自助结账，真正做到了自动化。顾客无须逐个扫码，只需要根据屏幕提示，把所有商品一次性丢进结账筐，机器立刻就能完成商品识别、价格计算、账单生成。整个过程像按下了快进键，效率极高。顾客确认商品和价格无误后，点击支付，拿到小票，一气呵成。

为什么优衣库的自助结账能做到如此顺畅？因为它为每件商品都嵌入了RFID标签。这些标签让商品变成了"活数据"，系统能够实时掌握商品的状态，完全不需要人工追踪或寻找，也避免了不必要的重复劳动和出错的风险。

公开数据显示，自这套系统上线以来，顾客结账的等待时间缩短了 50%。而且，越来越多的顾客偏爱这种方式——高达 70% 的顾客选择自助结账，部分地区甚至有 90% 的顾客倾向于使用这种便捷的结账模式。

传统的自助结账模式，其实是让顾客承担了本该由员工完成的重复劳动，反而让顾客的购物体验变得烦琐和低效。这种"自己做所有事"的模式，很容易让顾客产生不满情绪。优衣库则打破了这一模式，利用技术打造了一种流畅体验，甚至让顾客产生惊艳感。

这种创新的服务体验，不仅提升了顾客的满意度，也让优衣库在节省人工成本的同时，打造出了更高效、更愉悦的购物体验。技术创新的真正价值，在于它能为用户带来切实的便利，而不是为了创新而创新。

就像唐纳德·诺曼在拜访桥中时所说的："改变的价值要超越改变本身的困难。"创新要让改变的过程变得自然且有意义。尊重用户体验，同时又能为用户创造更好的体验的服务，能更好地实现商业价值与人性温度的双赢。如果你是企业管理者，当企业想要进行设施改造，让科技或者外部资源替代人工时，可以做一下下面这个填空题。

我用_____（A 设施）替代了现有的_____（B 设施）实现了同样或更好的效果。短期内，我会多投入_____（时间、人力、技术成本、金钱），从长远看，我会节省_____（时间、人力、技术成本、金钱）。

我用_____（科技）替代了_____（人工）实现了同样或更好的效果。短期内，我会多投入_____（时间、人力、技术成

原则十：好服务，适当使用减法

本、金钱），长远看来，我会节省_____（时间，人力，技术成本，金钱）。

我用_____（外部资源）替代了_____（人工）实现了同样或更好的效果。我会节省_____（时间，人力，技术成本，金钱）。通过_____（外部资源的联动），我新增了_____（服务内容），这会为我创造_____（利润）。

总　结

现在，我们回过头来看好服务的十大原则，它们并非孤立存在，而是像一张网一样相互支撑，共同影响着用户的整体体验，在提升用户满意度的过程中起着至关重要的作用。

每个企业也并非具备单一的原则，而是具备显性服务基因和隐性服务基因两大维度。

显性服务基因 vs 隐性服务基因

显性服务基因是用户在服务过程中直接体验到的，并且能够迅速记住的特征或亮点。

这些基因通常与品牌的特色和差异化有关，是企业用来吸引用户、留下深刻印象的关键。显性服务基因创造了爽点，让用户在每次服务中都有一段特别的体验，是创造惊喜的关键所在。

隐性服务基因则是那些虽然用户感知不到，却是服务体验基石的基因。它们通常体现在服务的稳定性、可靠性和基础保障上，能防止用户在服务过程中遇到明显的痛点。隐性服务基因保证了服务质量的基准线，使用户不会在服务过程中产生负面或不满的情绪。

显性和隐性服务基因是相辅相成的，前者能让用户记住，后者则让用户留下。

举个例子，一家主打极致个性化服务的网红餐厅，它的菜品非常有创意，甚至会根据你的历史点单习惯，主动推荐符合你口味的新菜品，这些细节都让你觉得这家餐厅的服务"懂我"。

这家餐厅的显性服务基因无疑很突出，能够吸引顾客的眼球和注意力。

然而，如果餐厅的卫生状况不佳、顾客每次等待时间过长或者账单结算不准确，就会触及隐性服务基因的问题——这些不明显的，但必须做到的服务标准一旦缺失，就会直接影响用户的整体体验和品牌口碑，这也是用户是否会二次光顾的核心。

显性服务基因能创造出让用户印象深刻的亮点，而隐性服务基因则提供了一个稳定的服务框架，确保用户不会在体验过程中遇到不必要的麻烦。

如果企业在显性服务基因上做得过于炫目，而忽视了隐性服务基因的基本保障，用户可能会因基础问题的出现而降低对品牌的忠诚度。

反之，如果在隐性服务基因方面做到位，但显性服务基因方面的亮点不足，品牌可能缺乏差异化，难以引起用户的深刻记忆。

问问自己以下几个问题

- 你的企业，主要依靠显性服务基因吸引用户，还是依靠隐性服务基因支撑口碑？
- 你在创造惊喜的同时，是否保证了基础服务的稳定性？
- 你的品牌有足够的服务特色，让用户记住你吗？

服务的真正成功，不是简单的更快、更贴心或更特别，而是让用户的每一次体验都无可挑剔。你会如何平衡显性和隐性服务基因，让你的服务真正打动人心？

你的企业是哪种类型

为了帮助企业更好地找准自己的定位，我们对好服务的十大原则进行了分析和聚类，从低干预高效率，到极致情感体验，形成了一条从任务导向到情感深度的服务光谱。

在此基础上，我们研发了企业服务基因类型库，将企业分为5种类型，企业可以根据自身品牌定位和目标用户需求，选择最合适的服务风格，打造独特的竞争优势。

便利型企业

便利型企业是技术驱动型服务的典范，对效率有着不懈的追求，擅长利用智能化技术将复杂的流程化繁为简，希望用户能以最少的操作和最短的等待时间完成目标，感受到服务的流畅和便利。

这种企业类型常见于金融、保险、物流、SaaS、自动化客服、智能零售等领域，比如闲鱼利用 AI 技术优化闲置交易流程，智能生成商品描述，自动回复买家信息，甚至可以动态定价，提高交易效率，降低用户的操作成本。

响应型企业

响应型企业专注结果，用行动赢得用户的信任。效率与可靠性是它们的代名词，擅长通过标准化的流程和强大的组织能力，将复杂的问题分解为可以快速解决的目标。无论是面对普通需求还是棘手问题，反应始终迅速且精准。

这种企业类型常见于医疗、药房、航空、政府服务、法律咨询、企业服务等领域，比如芬兰最大连锁药店之一的人民药房（YTA）将服务柜台划分为"快速结账"和"常规咨询"通道，满足不同顾客的需求，既能提高效率，又能让有需要的顾客获得专业咨询。

关怀型企业

关怀型企业像细腻而可靠的朋友，始终关注用户的情感需求，在服务的每个环节融入温暖的细节，让用户在感受到被关怀的同时，也建立起对企业的信任。这些企业相信服务不仅是解决问题，更是与用户建立深厚关系。

这种企业类型常见于养老、亲子、心理咨询、社交平台、宠物服务等领域，比如在瑞幸咖啡，顾客每次到店，都会感受到一种温暖和亲切的氛围，店员不仅提供高效的咖啡制作服务，还会与顾客进行简短而有趣的交流，增进客户的情感认同。

个性化型企业

个性化型企业擅长通过仪式感和讲故事让用户沉浸其中。它们提供的不只是服务，而是一个能让用户全身心投入的体验世界。它们是用户的记忆制造者，为每一次服务赋予了独特的情感与文化意义。

这种企业类型常见于高端餐饮、主题乐园、奢侈品、艺术展览、婚礼策划等领域，比如奈雪的茶在服务中高度重视个性化体验，每一位顾客都能根据自己的口味需求选择不同的茶基底、配料甚至甜度。此外，奈雪的茶通过 App 精准收集顾客的历史购买数据，进行个性化推荐，使每一位顾客都能享受到量身定制的服务。这种个性化的服务不仅增强了顾客的参与感，也通过创新的产品设计提升了品牌的竞争力和客户的忠诚度。

尊享型企业

尊享型企业如同优雅的管家，将细致入微的服务视为艺术，擅长发现用户的个性化需求，并用无与伦比的体验满足它们对尊贵感的期待。它们不仅注重服务的质量，更强调服务过程中的每一个情感细节。

这种企业类型常见于奢侈品、五星级酒店、私人银行、定制旅行、商务航空等领域，最典型的代表就是丽思卡尔顿酒店，其以对细节的极致关注和管家式的服务而著称，让每位客人切实体会到"尊贵奢享"的体验，从而建立起卓越的品牌口碑。

总　结

如果你已经定位了自己的企业类型，不要止步于此。

追求卓越的服务理念，企业必须持续学习、适应和创新。这不仅是生存的需要，更是保持竞争力的关键。只有不断地自我更新、灵活应变，才能在日益激烈的市场竞争中脱颖而出，找到属于自己的新世界。

PART **2**

第 二 篇

寻找创新突破点：CBI 模型

Good Service

寻找创新突破点：CBI 模型

当你找准了企业的服务定位，了解了自身的特点，接下来你需要找到创新突破点，真正解决用户的问题。

在过去二十多年的时间里，我们帮助不同类型的企业从产品导向的传统思维中挣脱出来，找到自己的突破点。比如，为便利型企业优化用户旅程，为服务流程做减法，从而帮助用户又快又好地完成目标。为尊享型企业如何挖掘用户的个性化需求，打造用户旅程的关键时刻，从而满足他们对尊贵感的期待。

这不仅需要灵感，更需要一套经过深思熟虑的服务设计方法论。

我们引入国际先进的思维框架，并在长期的本土化实践中不断打磨，最终沉淀出一套适用于中国市场的服务设计方法论——CBI 模型。这一模型围绕企业服务能力的系统化提升，覆盖从发现用户需求到优化服务落地的全流程。更有趣的是，CBI 不仅是这三个关键环节的核心缩写，同时也恰好对应了桥中的英文名称——CBi China Bridge。这种巧合不仅赋予了模型更深层的意义，也诠释了打造好服务的底层逻辑。

第一个字母 C 是指"customer insight"，用户洞察

服务的起点是用户。企业必须先明确你的用户是谁，他们的目标是什么，以及他们真正关心的需求是什么。这意味着要从用户的视角重新审视业务，而不是局限于老板的思维、预算的限制和原有的商业模式。只有深刻洞察用户的行为、情感和期望，才能找到服务的正确方向。

第二个字母 B 是指"brand experience",品牌体验

用户洞察只是第一步。你了解用户,竞争对手可能也了解。如何与对手拉开差距?如何解决同质化问题?这就需要企业将品牌理念融入用户旅程,设计出节奏清晰、情感共鸣强的用户旅程。

第三个字母 I 是指"internal process",组织变革

好不容易找到了用户,也找到了自己的差异化价值,但这就完事了吗?服务落地是整个设计流程中最关键的一步。企业需要协调中后台,高效支持前台的用户体验。比如,如何让不同部门协同起来,为用户提供一致的服务?如何确保服务在规模化中保持一致性?这些都需要通过优化内部流程来实现。

从 C 到 I 是一个由外而内的变革。经过 I 落地后,还要回到 C,看看是否帮助用户达成了目标,用户对品牌的感知是否有偏差。之后,重塑 B 的旅程,再调整 I 的协同,以此往复,形成一个循环(见图 2-1)。

图 2-1 右侧从上到下依次代表 CBI 所对应的内容:

- 用户需求想法(用户内心的需求、期望和思考内容)
- 体验情感曲线(用户体验过程中的体验变化和价值触点)
- 组织架构演进(企业组织结构的动态变化)

如果你正在探索好服务的突破点,不妨让 CBI 模型成为你的创新助推器。这不仅是一条业务提升的路径,更是一次从产品到服务的蜕变之旅。

寻找创新突破点：CBI 模型

不断循环迭代的过程

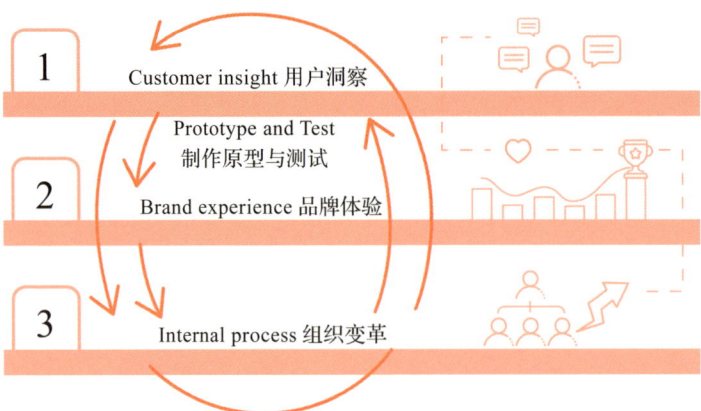

图 2-1　CBI 模型

C——customer insight，用户洞察

"如果你问人们要什么，他们会说要一匹快一点的马。"

我一直很喜欢这个例子，人们要的并不是一匹快一点的马，而是更快地从 A 点到 B 点。洞察到了用户的潜在需求，才可能发明出汽车、火车、飞机等更快的交通工具。

我们再往后想想，汽车满足了人们功能上的需求，更快地从 A 点到 B 点。随着汽车越来越多，人们的需求也产生了变化，有人把汽车当成第二个家，有人用车来彰显自己的身份，于是汽车的定位有了更多的细分。

再后来，有人发现，如果人们想要更快地从 A 点到 B 点，其实不需要拥有一辆车，也不用自己开车，于是有了出行服务，如滴滴、享道、耀出行等。

现在，无人驾驶也已经投入使用，想象一下未来，无人驾驶进入同质化竞争，各品牌又将细分用户和不同使用场景的需求，进入新一轮的关于"如何从 A 点到 B 点"的迭代。

所以，当我们说用户洞察的时候，我们说的是用户希望达成的目

寻找创新突破点：CBI 模型

标，有功能层面的、情感层面的，也有社交层面的。好的洞察帮助我们打造更具创造性的产品和服务，以用户为中心进行业务重构，形成差异化的服务基因。

人人都在做用户洞察，你真的做对了吗

很多企业认为，用户洞察就是应对用户投诉和提升用户满意度，于是不惜投入大量资源和人力，依赖满意度调查、NPS 评分等工具。然而，错误的洞察有可能引导它们"有理有据"地走向失败。

我曾听说过这么一个故事。在一个中转机场，很多人投诉卫生间太少。这是不是意味着这个机场应该多建几个厕所呢？

深挖用户需求后，这个机场发现投诉以老年人为主，并且关键问题是他们并不是想在卫生间上厕所，而是机场大厅层高较高，他们听不清广播内容，在卫生间他们更能听清广播，从而保证不错过航班。

这么看来老人们的本质需求，通过在候机区加大广播音量即可满足。

所以，表面的数据和反馈只是用户需求的冰山一角。企业若仅依赖满意度、NPS 评分等表面指标，很可能忽视隐藏在"冰面下"的用户真实需求与情感。

📝 思考一下

你通过什么手段获取用户洞察？你是否只关注用户对服务的满意

C——customer insight，用户洞察

度评分？如果用户洞察远不只是响应用户投诉和提高用户满意度，那么真正的用户洞察到底是什么？

用户洞察"金字塔"：深度决定了创新高度

我身边有很多朋友都有一个开咖啡店的梦想，而能开下去的往往不多。他们问我："怎么开好一家咖啡店？"我通常会问他们："你的用户是谁？"他们的反应大同小异："喜欢喝咖啡的都是用户啊！"

听上去也没错，但关键就在于他们对用户没有更深层级的理解。那我们就来聊聊用户理解的三个层级（见图2-2）。

图 2-2　用户理解的三个层级

第一个层级属于信息层级

所有搜集到的跟用户相关的行为、态度、数据、描述等都属于信息层级，比如访谈过程中受访者的回答、通过问卷收集的数据，都属于这个层级。

寻找创新突破点：CBI 模型

以上海咖啡店为例。2023 年 4 月的统计数据显示，上海是全球咖啡店数量最多的城市，2022 年的统计数据显示，上海每万人就有 3.16 家咖啡店。如果你走在咖啡店最密集的街道，几乎每走十几步就能遇见一家咖啡店。可以说，生活在这片"咖啡沃土"上的人们，血液里都流淌着咖啡——当全国人均每年只喝 4 杯咖啡时，上海人早已遥遥领先，这一数量达到 20 杯。

假设你做用户调研时问一个人："你需要一杯更好喝的咖啡吗？"这个用户可能会回答："是的，我需要一杯更好喝的咖啡。"这时，我们所得到的仅仅是用户表面上的需求，也就是第一个层级的反馈。

正如上文所说，如果我们停留在信息表层，便忽略了深层的需求洞察。

不要只问用户"要什么"。用户直接告诉你的、你看到的表面的东西，并非洞察。用户表面上的需求——"更好喝的咖啡"，背后其实隐藏着更深层次的、不同的目标。

那么如何挖掘信息背后不同的目标呢？这就需要深入到第二层级。

第二个层级属于理解层级

用户洞察不是停留在对"用户说了什么"的表面分析，而是深入理解"用户没有说什么"。收集到各种信息之后，我们需要对数据进行解读，分析和理解背后不同的需求。

- **功能需求**：任务的核心功能是什么？用户希望通过产品或服务解决什么问题？

C——customer insight，用户洞察

- **情感需求**：在完成任务的过程中，用户希望获得什么情感上的满足？
- **社交需求**：用户希望通过这个任务，如何展示自己或与他人互动？

继续以咖啡为例。用户的真正需求可能并非一杯更好喝的咖啡，而是能更好地解决某个问题，或者更快地实现某个目标。

有些人喝咖啡，是需要咖啡的功能。他们或许会告诉你："我每天早上要来一杯冰美式，越浓越好。"对他们来说，咖啡不是单纯的饮品，而是迅速提神的力量，更是一根支撑其在高压节奏中喘息的"救命稻草"。

另一些人，是需要咖啡带来情感上的满足。他们追求的不是单纯的提神，而是愿意用心感受手冲咖啡的制作过程，享受手冲咖啡散发的香气，仿佛这杯咖啡不仅是饮品，更是一种仪式感。

还有些人喝咖啡，是为了表达自己的生活方式。他们会说："我每个周末都会和朋友去不同的咖啡馆，像开盲盒一样品尝不同店家的招牌饮品。"在他们的生活中，咖啡的价值不在于味道或功能，而在于体验一种氛围，享受一段放松的美好时光。

- 你看到：用户需要更好喝的咖啡。
- 我看到：

    （1）用户需要咖啡的功能。

    （2）用户需要咖啡带来情感上的满足。

    （3）用户需要表达咖啡所代表的生活方式。

寻找创新突破点：CBI 模型

🎯 **小作业**

不同的用户需求决定了咖啡店的定位和未来发展方向。如果你经营一家咖啡店，你就必须理解自己的目标用户是谁：他们是追求便捷的上班族，还是沉浸于咖啡文化的爱好者？

🎯 **小贴士**

这里有一个有用的框架，叫作任务陈述（job statement），能帮助企业深入理解用户的真实需求。它的结构如下：

我是谁，当我在什么环境/场景中，我需要完成什么任务（待办任务），从而获得哪些收益或解决哪些痛点（功能利益），这样会让我自己感到哪些好处（情感利益），或别人能感受到我是怎样的人（社交利益）。

我们来看瑞幸咖啡是如何理解并应用"任务陈述"的：

- **待办任务**：用户在快节奏的生活中需要快速补充能量，或者需要一杯咖啡提神。
- **功能利益**：瑞幸通过线上下单、线下自取的便捷服务，使用户在忙碌的工作日能迅速买到咖啡，节省时间。
- **情感利益**：瑞幸的品牌形象时尚、年轻，许多用户购买瑞幸咖啡不仅仅是为了提神，还想通过这一消费行为感受到"时尚"和"自我"的情感认同。
- **社交利益**：瑞幸通过线上线下的互动，构建了一个强大的社交

C——customer insight，用户洞察

圈，用户不仅可以享受咖啡，还可以在社交平台分享体验，与朋友互动。

瑞幸的成功，正是因为它深入理解了用户在快节奏生活中的核心需求，并将便捷的服务、情感认同和社交互动三者结合，打造出一种极具吸引力的消费体验。

真正的用户洞察，不是只看用户满不满意，而是剥开层层表面，理解用户内心的"骄傲"与"恐惧"。只有用心读懂看似普通却承载无数情感的每一杯咖啡，触及用户内心深处的真实渴望，企业才有机会进入下一层级。

第三个层级才被称为洞察

许多企业的产品和服务做得足够好，用户也满意，但为什么还是无法在市场上占据先机？原因就在这第三层级，什么是洞察？洞察必须是对用户的新鲜理解，挖掘未被充分服务的用户，重新定义体验场景。

1987 年，7-Eleven 在业界首创了代收水电煤等公共事业费的服务，这源于铃木敏文对市场需求的深入洞察。到了 20 世纪 90 年代末，很多顾客调研问卷中开始出现"希望能在便利店里增设 ATM"的呼声。基于新的市场反馈，7-Eleven 于 2001 年在便利店中增设 ATM 机，进一步完善便民服务体系，实现了从基础缴费服务到金融服务延伸的跨越。

铃木敏文表示："时代是瞬息万变的，我对 7-Eleven 总是抱有危

寻找创新突破点：CBI 模型

机感……时代在变化，我们也必须做出变化，并且全神贯注地应对用户层出不穷的需求。所以，即使身处庞大的信息社会，我也能捕捉到有效的信息，仿佛它们咬住了'脑海中的鱼钩'一样。"

用户洞察的深度往往决定了创新的高度。在需求的世界里，真正的赢家往往是第一个与用户产生深度共鸣的人。如果你对用户的理解不及竞争对手充分，也不新颖，很难想象你据此提供的解决方案会受到用户的喜爱。

要在竞争中脱颖而出，就要跳出传统思维的框架，把大部分精力和时间，投入到对"人性"的深刻理解中，死咬住"脑海中的鱼钩"，去捕捉用户自己都尚未意识到的需求，从而重新定义体验场景，并以创新的方式提供解决方案，形成差异化。

这是一个不断挖掘用户内心世界的过程。当我们学会从用户的角度审视世界，真正关注他们的内心感受时，就可以找到他们"想要"背后的"需要"到底是什么，从而发现正确的创新解决方案，提供用户无法抗拒的服务，打造出无可复制的竞争优势。

（1）不要只问用户"要什么"，理解用户背后想要达成的目标。用户直接告诉你的、你看到的表面的东西，并非洞察。收集到各种信息之后，我们需要对数据进行解读，定义用户行为背后想要达成的目标。

（2）真正的赢家往往是第一个与用户产生深度共鸣的人。洞察必须是对用户的新鲜理解，也必须要有独特的视角，要学会颠覆那些习以为常的小事，通过重新定义体验场景来形成差异化。

C——customer insight，用户洞察

🤔 思考一下

你理解用户的"想要"和"需要"吗？你知道用户的"骄傲"和"恐惧"吗？你如何能超越用户的表面需求，发现他们真正的需求，甚至是他们自己还未意识到的潜在需求？

为什么你这么努力，还是无法走近用户

著名战地记者罗伯特·卡帕用生命诠释了这句名言："如果你的照片拍得不够好，那说明你离拍摄对象还不够近。"为了拍出真正触动人心的照片，他总是义无反顾地深入最危险的战争一线，甚至最终为此付出了生命，牺牲在战场。

我套用一下罗伯特的话：如果你觉得对用户的洞察还不够深入，那可能是你还没有真正走近他们。

错误的过程导致了错误的结果。这不仅是因为企业有时高估了自己对用户的理解，更是因为它们低估了用户感知的复杂性。很多企业做用户洞察时，往往会习惯性地落入一些常见的误区。让我们一起看看以下四大误区，希望能帮助你远离那些容易被忽视的陷阱。

误区一：管理者把自己当用户

用户洞察的一个普遍且致命的认知偏差，是管理者想当然。很多老板非常勤奋，天天下一线指导，把所有的细节调整到自己满意的状态。可是，一个六十岁的成功企业家对好服务的评判和一个二十岁的大学生会一样吗？所以说，当一个老板以为自己很懂用户，或者不自觉地把自己当用户时，他就已经迷失在用户洞察的认知偏差里了。

寻找创新突破点：CBI 模型

实际上，一些离企业比较远的用户，反而更容易注意到企业与用户之间的差异。而我们生活中的大部分服务，面向的是多数人的市场。当服务面向更广泛的市场，企业管理者容易自以为是，把自己当用户，这种以自我为中心的判断方式往往会导致偏差。

我们曾和一家知名的家电公司一起探索老龄化时代下的洗衣机，核心团队平均年龄不超过 30 岁，设计总监非常有想法，他们看了很多关于老龄化和对老年群体研究的书，但我们还是建议他们模拟体验一下老人的生活状态。

- 戴上老花眼镜，模拟患白内障或半盲状态的老人阅读的状态——他们发现看洗衣机按键上那些"好看的""高级感"的提示文字犹如雾里看花。
- 戴上约束手套、手肘约束带和手腕负重装备，模拟老人手腕部肌力和神经退化的状态——他们发现，为了节省空间降低洗衣机高度后，导致现在要弯着腰把洗衣盆里的衣服放进洗衣机，这变成了一项难以完成的任务。

看到这里，你还觉得自己足够理解用户吗？想一想，你是否也同样误解了儿童产业、医疗产业？

小贴士：定期进行用户调研

避免这一误区的关键在于定期进行真实的用户调研，并客观对待调研数据。管理者应更多地关注用户的行为习惯、使用痛点及情感需求，避免依赖个人经验，将自身偏好强加给用户。这不仅能让服务更贴合用户的需求，也能有效提升用户的体验。

误区二：用户洞察是某个部门的事

在一些公司中，用户洞察被视作用户体验团队或市场部门的专属任务，而其他部门则专注于自身的职能。然而，这种局限化的思维容易导致各部门间脱节，使得用户体验不够一致。

2016年的电影《我是布莱克》中讲述了这么一个故事：

因心脏病被迫失业的布莱克，希望申请社会救济金。尽管医生让他停止工作，但健康评估专家通过一系列标准化的问题，判断他有工作能力，拒绝了申请。而当布莱克决定上诉的时候，却发现只能被动地等评估人联系他，事态陷入了死循环。

就是因为如此繁杂的申请流程，可怜的布莱克到最后也没能申请到社会救济金。

这个故事改编自英国的真实事件，由此可见英国政府的公共服务体系已饱受诟病。

那么问题来了，英国政府拥有全世界首屈一指的用户体验部门，设计工具和资金实力都非常强大，为什么用户体验还是如此之差？

在设计的过程中，服务在"用户体验"阶段之前，往往已经进行了多个设计决策了。这些小决策往往是依据常识中的"用户体验"而得来的。

那么此时，如果没有对全局的把控，便可能导致不好的服务产生。所以，不好的服务不能由用户体验设计团队或市场部门背锅。

真正深刻的用户洞察应该是共同关注和努力的结果，每个部门都应该理解用户，只有这样才能在每一个环节中实现一致的用户体验。

寻找创新突破点：CBI 模型

🎯 小贴士：将用户洞察作为全员任务

为避免这一误区，公司应将用户洞察作为全员任务，每个部门都要参与并理解用户需求。比如，可以定期组织跨部门的用户洞察分享会，或通过建立跨部门的用户体验团队，确保各部门能够实时跟进用户反馈并做出相应调整。

这样，每个部门都能在自身领域中做出符合用户预期的决策，最终形成统一而出色的用户体验。

误区三：定义产品，而非需求

许多企业在产品或服务的开发中，往往更关注功能和特点的堆叠，而忽视了用户的实际需求。

这种"拿着锤子找钉子"的思维使得企业倾向于先设计出产品或服务，再匹配应用场景和用户群体。这样的设计流程不仅增加了产品开发的成本和风险，更可能导致最终的产品和服务无法真正满足用户的需求。

广告行业常说，用户不需要电钻，而是需要墙上的洞；用户不需要墙上的洞，而是需要在墙上挂一张全家福；用户不需要挂全家福，而是需要一种幸福美满的感觉……

以这个逻辑来看，智慧医疗背后的需求又是什么？当然不只是智慧，不限于医疗，更不仅是医院，而是健康。

从这个维度出发，疾病预防、健康管理、疾病治疗都成为追求健康的手段。疾病预防可以有体检、疫苗；健康管理有在线咨询、减肥

C——customer insight，用户洞察

私教、保健品等；疾病治疗则涉及医院物联网、远程会诊、智慧处方、临床决策系统、在线看病、在线挂号等多种可能性。

清晰定义需求，每一项都可以延伸出一个全新的产业。

小贴士：先回应需求，再关注功能

成功的设计应首先回应用户的需求，而非仅关注功能特性。企业可以通过用户调研、需求分析和场景模拟来真正洞察用户的痛点和期待。比如，进行用户访谈和观察研究，了解他们的日常使用习惯，从中找到产品设计的切入点。

这样的需求导向设计流程，不仅能使产品更加贴合用户需求，也能使产品在市场中更具竞争力。

误区四："以用户为中心"只是口号

我在上班的路上，经常看见一些美发店或者餐馆组织一线服务人员喊口号："顾客是'上帝'！顾客在我心！……"然而有几家真正做到了呢？

我们有一个做房地产的客户，在公司内推行了一项政策，高管团队每个季度需要轮岗到客服部接听用户投诉电话。很多高管都在轮岗中听到了用户的真实声音。

以此为契机，这个客户成立了用户体验推进小组，以用户年龄段作为小组划分的标准，分为了青年组、老年组、亲子组等，每个小组里都有跨部门的代表，定期对自己负责的人群进行服务体验的审查和优化。

寻找创新突破点：CBI 模型

🎯 小贴士：建立深入企业内核的机制

比起流于形式的"以用户为中心"的口号，更重要的是深入企业内核的机制，让"以用户为中心"刻到品牌基因里，将用户需求落实到具体的操作层面，融入产品设计、流程优化和服务体验的各个环节。

这种系统性的用户导向方式，能让企业真正实现"以用户为中心"，并获得用户的信任与支持。

避免了以上误区，就能获得用户洞察了吗？没那么简单，获得用户洞察的过程是一个系统化、全方位的探索过程，但本书可以告诉你一个百试不爽的秘诀：穿 TA 的鞋，走 TA 的路。

"TA"是指你的用户，通过建立典型用户画像对目标用户进行分类和需求分析。"路"是指在当前的场景中，用户旅程的现状。

比如，一家餐馆发现，每天光顾的核心客群为大学生、商务男士、白领女性、社区老年人。他们在餐馆的体验各有不同。比如，大学生希望在餐馆里一起打游戏，主打一个社交；商务男士时间紧张，希望到了就能吃，主打一个快；白领女性注重体形，希望吃低脂食物，主打一个健康；而社区老年人不会使用数字化工具，希望有人工服务，主打一个友好。

了解了不同类型用户的现状和期待，我们可以通过设计来优化他们的体验。比如，为大学生群体提供带插座的大桌子，推出全天的套餐；为商务男士提供线上预约服务，准点出餐；在菜单上标注卡路里

C——customer insight，用户洞察

信息，让白领女士更容易选择；大字号版的菜单配上友好的服务员，减少社区老年人用餐的卡点。

当我们真正站在用户的视角，可以有效抓住优化服务和产品的机会点。

总结

用户洞察不仅仅是了解用户的需求，而且是通过分析用户的行为、情感和潜在动机，找到他们真正关心的问题以及隐藏的需求。它的核心在于通过用户数据的表层深入到背后的情感和心理层面，为产品和服务的设计提供切实可行的指导。送给你以下 4 句话，帮你打开用户洞察的大门。

把熟悉的事物陌生化

看看你是否忽略了那些已经习惯的用户行为，尝试换个角度看待问题，避免从已有的经验或认知出发，这样你能发现潜藏的需求。

把句号变成问号

不要满足于表面的答案和"我们已经知道了"的心态。不断提问，探索用户情感和背后的动机。每一个回答都可以引发新的问题，帮助你更全面地理解用户。

把"此时此刻"和无数"它时它刻"联系起来

用户的需求并非一成不变，要理解用户在特定时刻的感受，同时

寻找创新突破点：CBI 模型

要考虑他们的过去和未来的情境。关注用户的动态需求，必须从多个时间维度来分析。

大数据 + 小数据 = 明智的决策

大数据可以揭示市场趋势，而小数据能帮助你捕捉个体的细节。两者结合，能帮助你更全面地理解用户，挖掘个体背后的故事，突破认知边界，从而做出更明智的决策。

只要你打开用户需求的大门，哪怕是再不起眼的小角色，也能破解市场的流量密码。然而，很多企业只顾着追求自己的想法和愿景，而忽视了用户真实的声音。但无论你推出多么高大上的技术或概念，如果触及不到用户的真实需求，最终的结果注定是一场空。

B——brand experience，品牌体验

通过用户洞察，你终于回答了"用户是谁""用户需要什么"这两个看似简单却直击灵魂的问题，以为可以长舒一口气时，真正的挑战才刚刚开始，你可能和你的竞争对手们服务着同一批用户。你所面对的不是一片蓝海，而是一场暗潮汹涌的同质化战争。

你的品牌，凭什么能让用户记住？当所有的产品和服务都变得"同样优秀"时，用户的注意力还会停留在哪里？是价格？是包装？是性能？还是……他们根本没时间记住你是谁？

在同质化竞争的围城中突围，抢占用户心智的高地，找到你品牌那个"不一样"的基因，这才是你必须攻克的真正堡垒。

传播的品牌，不等于体验到的品牌

我出差很喜欢住亚朵酒店，如果你问我亚朵的 logo 是什么样的？Slogan 是什么？我可能回答不出来。但一说到亚朵酒店，出现在我脑海里的有：亚朵的茶、舒服的枕头、丰盛的早餐和深夜加班回到酒店能喝到的那碗粥……

寻找创新突破点：CBI 模型

当我们说到"品牌"，很多企业认为品牌是 logo 和 Slogan，品牌是创意，是广告片、代言人、曝光量、美誉度……也就有了越来越"出圈"的营销宣传，以及越来越激进的促销策略。

但是你有没有想过，这些用钱烧出来的"流"量，真的能变成"留"量吗？单靠营销堆砌起来的品牌形象和增长终究是短命的。

品牌宣传可以创造初始吸引力，但单靠一句口号、一个 logo 很难打动日渐理性和聪明的消费者。无论是"定位理论"还是"视觉锤"，仅凭语言或视觉符号的表达已经不足以支撑品牌的长久价值，真正的品牌力量是由每一个真实、积极的体验触点逐步累积而成的。

品牌体验不等于营销，更不等于广告和 logo，而是一个"润物细无声"的过程。

品牌体验是连点成线立"人设"

一个品牌，就好比一个人的"人设"和灵魂。如果没有"人设"，你的品牌很难给人留下什么印象；如果没有灵魂，你的品牌就是一盘散沙。

"人设"来自你品牌的基因。"人设"其实不分好坏，你的品牌基因是踏实可靠，工程师就可以是你的"人设"；你的品牌基因是活力热情，那少女就可以是你的"人设"；当然也可以用绅士淑女的"人设"来体现尊贵的品牌基因。

也就是说，你需要去思考你的品牌基因通过什么"人设"来体现？需要靠哪些关键词立起来？哪些体验时刻能让这些抽象的关键词变得具体有感？这些体验时刻又如何像一颗颗珠子一样串联起来？

比如，迪士尼酒店和丽思卡尔顿酒店，我都很喜欢，但它们却有着截然不同的基因。迪士尼酒店充满奇幻和梦想，四处都传递出快乐：进门会有戴着大大米奇手套的工作人员热情地挥手问候，每个人都露出灿烂的笑容，背景音乐令人欢心愉悦；而来到丽思卡尔顿酒店，门童戴着白手套，穿着燕尾服，微微一笑，绅士地鞠躬为你开门，每个人都轻声细语，让自己向绅士淑女的"人设"靠拢。

这两家酒店都给我带来了好的体验，但因为它们的品牌基因不一样，同样的触点就有不一样的表现，连点成线，"人设"就稳了。

用户体验旅程好比棋盘上的势力线，各种触点则是无法孤立存在的棋子，精心布阵后才能形成战略优势。你不仅要思考如何把触点做到单点极致，更要用全局的眼光把这些触点打通，将各种触点有序地串联起来。

服务体系构造可持续长期主义

要连点成线，新的问题也来了。如何把控服务的整体调性，让这些细微的体验触点精准体现品牌统一的基因呢？

有一家酒店，曾经你花再多钱都住不进去。当时，它戒备森严，不对大众开放，是历代国家领导人和各国政要的下榻场所，众多传奇人物在此留下印迹。

寻找创新突破点：CBI 模型

它是苏州市区唯一的园林别墅式国宾馆——苏州南园宾馆（以下简称南园宾馆），也是我们的客户。南园宾馆拥有得天独厚的地理位置和深厚的历史文化底蕴，培养了一流的服务团队。微笑接待、礼貌问候、周到的客房整理，这些标准规范的服务流程曾是吸引住客的核心因素。

随着时代更迭，消费者的旅游观念已经发生了变化。旅行不再是走马观花的短暂停留，而是一次充满故事性和深度体验的旅程。这对酒店而言，依赖标准化的人员服务将难以适应激烈的市场竞争。

七十多岁的南园宾馆敏锐地捕捉到市场的变化，主动创新服务模式，邀请人们共同探索江南的生活方式，把酒店住宿打造成一场独特的感官和文化之旅：传递苏式生活方式的南园十二时辰，融入苏州历史典故的"状元之旅"，传承江南文化基因的非遗体验……南园宾馆的员工们通过跨部门协作，共创了精彩的创新服务场景，并逐渐落地。

在激活全员的积极性之后，如何把控服务的整体调性，在体验创新的"热闹"之余，精准体现品牌统一的调性呢？如何融合自身的独家秘籍和独特基因，将客人的"流"量变"留"量呢？

我们与南园宾馆一起梳理了所有服务产品，并整合为 3in 服务体系。这一体系从用户视角出发，系统性地指导了体验服务的设计与执行，不仅保证了服务的一致性，还为未来的创新制定了框架和原则。

南园宾馆的 3in 服务体系以有容 (Involve)、有感 (Inspire)、有

趣 (Interesting) 为三大核心，为宾客创造一种沉浸式的江南文化生活体验。

有容（Involve）

注重与宾客的互动，发挥当地特色，在宾客入住前、中、后的各个环节打造可感知的连接。

比如在暑期度假的高峰期，在客人未到店时，服务人员通过"预到关怀"动作可以提前了解其行程，提供便利指引，在传递服务热情的同时，还能为其提供三分钟快速入住的高效服务。

当客人办理入住时，服务人员为亲子家庭提供儿童洗漱用品及益智玩具，为外来旅行者提供城市地图与美食攻略，令客人备感贴心。

除了标准的服务流程，南园宾馆的文化体验官担当了当地文化导游角色，引导客人进入苏州生活方式的体验中。

有感（Inspire）

激发宾客的文化和情感共鸣，让其在享受高品质住宿的同时，留下难忘的回忆并期待下一次重逢。

作为一家园林式酒店，南园宾馆随着季节变化常住常新——冬天的梅花、春天的海棠、年年结果的柿子树，还有 300 年的桂花树，这些富有生命力的植物不仅为宾客带来心灵的净化和治愈，更为服务团队提供了持续创新的灵感来源。

南园宾馆始终让宾客好奇，下一季又会有怎样的惊喜和新鲜体验？

有趣（Interesting）

通过丰富多彩的活动打造"去班味"的度假体验，为宾客创造难以忘怀的记忆点。

作为一家历史悠久的酒店，南园宾馆依然焕发着弄潮儿的精神风貌。从非遗手作、游园会到烟火市集，宾馆组织了多种时下流行的互动体验，极大地增强了宾客的参与感与乐趣。

3in 服务体系作为品牌的基因，将以往南园宾馆即兴、散点式的服务创意转变为系统化的创新模式，确保了服务体验的一致性和持久的高质量运营。同时，借助数字化系统的支持，及时获取客人反馈，不断迭代、优化服务流程。

构建服务体系不仅确保每一位顾客都能享受高度一致的优质服务，还形成了可持续的"长期主义"。

这一部分讨论了品牌基因如何通过创新体验，打造具有深度和独特性的品牌记忆。只有通过体验驱动，品牌才能真正深入人心。

品牌创新的短板：点状创新 vs 全流程体验

企业往往会把力量集中在某个点的创新上，比如炫酷的功能、服务亮点或广告创意，试图通过这些突破在市场中脱颖而出。然而，用户关注的不是单一的创新点，而是整个用户旅程中的全流程体验。

🎯 关键点

用户重视的是从接触品牌到购买、使用以及售后的全流程体验，而非单一的点状创新。品牌的核心竞争力源自全流程体验闭环。

品牌基因与品牌体验的一致性

企业要建立与品牌基因一致的"人设"，即确保品牌传达的气质与其提供的服务和体验相一致。如果一个品牌的宣传定位与实际体验脱节，用户将难以产生信任感和忠诚度。

🎯 关键点

品牌需要营造一个"人设"，也就是你的品牌基因，并以此设计你的体验触点，建立深度的用户连接。

品牌体验的体系化创新

品牌体验需要不断创新，在这个过程中构建体验体系，能够让创新剑指一处、事半功倍，助力体验优化和可持续迭代。

🎯 关键点

构建与品牌基因相匹配的体验体系，指导所有体验场景、触点创新，让你的品牌更丰满。

寻找创新突破点：CBI 模型

🗒 思考一下

你的品牌基因是什么？你通过哪些触点来支持品牌"人设"？你是继续在点状创新上厮杀，还是开始认真构建自己的品牌的全流程体验闭环？

好的品牌体验，带来无限品牌溢价

越是成熟的行业，产品的差异化越难，单纯依靠薄利多销、降低成本与售价的量化思维，已经无法满足市场需求。此时，品牌体验成了关键的差异化因素。转向品牌增值、以质化思维占领消费者心智，或许才是企业最终制胜的关键。

一个显著的例子就是星巴克的成功。1971 年，"星巴克咖啡、茶和香料专卖店"在华盛顿州的西雅图市开张营业。对当时大多数的美国人而言，喝咖啡就是去便利店买点咖啡粉，自己动手将黑咖啡与奶精和白糖混搭搅拌。除此之外，人们并不知道还可以通过什么别的途径来"享受"咖啡。

然而，星巴克并没有简单地将自己定位为咖啡销售商，而是创造了一种全新的咖啡文化，它为顾客提供的不仅仅是咖啡，而是一个温暖、个性化、充满精致体验的，除家和公司之外的"第三空间"。

星巴克通过精心设计每个细节，从店面的氛围、音乐，到员工的微笑和互动，为顾客送去"热情好客、诚心诚意、体贴关怀、精通专业、全心投入"的顾客体验。同时星巴克重视打造各种各样的产品，打破了传统饮品的局限，提升了咖啡消费的附加值，创造了咖啡馆的全新消费体验。

正是这种高质量、全方位的品牌体验，让星巴克能够在全球范围内建立起无与伦比的品牌溢价能力。消费者愿意为星巴克支付溢价，甚至将它视为一种社交标志，借此展现个性与品位。

同时，星巴克通过在不同城市打造烘焙工坊，教人们认识、体验、交流咖啡，从而将咖啡的文化传播到世界各地，并且让星巴克这个名字，和咖啡紧密结合到了一起。

如今，星巴克已发展成咖啡行业的头部品牌，几乎与"咖啡"一词齐名。截至 2024 年 Q1 的数据，星巴克已经立足 85 个国家。2011 年的调查数据显示，有 20% 的忠实顾客平均每月要消费 16 次之多。

从星巴克的例子可以看出，品牌的真正溢价并不源自产品本身的功能差异，而是通过全方位的品牌体验，在消费者心中占据一个独特的位置。这种深刻的情感联结与品牌的共鸣，使得顾客愿意为品牌支付溢价，甚至在价格和功能上优先选择自己认同的品牌。

最终，品牌的溢价能力将超越产品本身，成为消费者心中不可替代的存在，为品牌带来持久的市场竞争力和利润增长。

为什么那么多品牌会翻车

在品牌竞争日益激烈的今天，体验已成为很多品牌制胜的关键。然而，很多企业在打造品牌体验的过程中却不知不觉地踩中了陷阱，让精心设计的努力功亏一篑。

那些曾盛极一时的网红品牌们,有几个能坚持下来,并且持续做大,真正成为一个让你认可的品牌?你是否也曾疑惑,为什么品牌体验一直提升不了?

其实,很多品牌都踏入了三个常见误区。如果你想要避免这些误区,让品牌体验真正打动用户,请继续往下看。

误区一:东拼西凑

许多品牌在面临同质化竞争时,往往把"各家所长"拼凑在一起,到头来迷失自我,导致品牌形象模糊。

◎ 小贴士:全触点覆盖

每一个触点都是品牌价值的放大器。

品牌的触点是用户接触品牌的每一个环节——从官网到客服,从产品包装到门店服务,每一个触点都是用户感知品牌价值的窗口。要确保所有触点都能传递出一致的品牌体验。

例如,在星巴克,从店面装修到点单、收银,品牌以其一贯的舒适氛围和友好服务,全方位地营造出一个"第三空间",让用户沉浸其中。让每一个触点都为品牌代言,才能在用户心中留下深刻的品牌印象。

误区二:越多越好

有些品牌认为增加触点和体验环节就能提升品牌体验,实际上,

B——brand experience，品牌体验

过多的选择反而可能让消费者感到困惑。

🎯 小贴士：找到关键时刻

体验并不是越多越好，重要的是找到关键时刻。

中华航空股份有限公司（以下简称华航）想要提升商务舱的复购率，内部很多人提议升级餐食。但是餐食对乘客来说真的这么重要吗？要知道，人在几千米的高空，味觉是不灵敏的。所以，即使你为乘客提供可媲美五星级餐厅的餐食，他也很难品尝出来。

华航提供的是鼎泰丰的牛肉面，乘客吃了觉得还不错。但是，他下次要买机票的时候，会和秘书说"帮我订一个有鼎泰丰牛肉面的华航航班"吗？不会。所以，乘客不会因为高级的餐食而产生复购。

那什么要素会让乘客复购呢？经过大量调研，最后得到的答案是"睡个好觉"。在飞机上，很多乘客大部分时间都在睡觉。能不能在飞机上睡个好觉，到达目的地之后能否马上精神抖擞地工作，是商务人士决定复购的最关键的因素。

试想一下，当你正坐在商务舱中，一位空姐走过来对你说："您现在是不是准备要就寝了呢？"你说："对。"

空姐说："好的，我将为您提供铺床服务，您可以先在旁边坐一下，我先帮您铺上一个新的床单，这样睡起来会很舒服。飞机上比较冷，担心您会着凉，所以稍后会为您提供白鹅绒的新被子。"这时，你会不会感觉服务很贴心？

寻找创新突破点：CBI 模型

空姐接着说道："您的铺床已经好了，我们还将赠送您本航司与知名品牌联名的最新款洗漱包，而且是全球限量款，仅提供给本航司的商务舱乘客，您睡醒后可以用它来进行洗漱。感谢您的搭乘，希望您一路到纽约睡得很好！"

如果你享受到这种服务，是不是感觉和其他的航空公司不一样，有种"值了"的感觉？而且，在铺床服务的过程中，乘客最常做的事情就是拍照。他们会把洗漱包放在椅子上，和自己的东西摆一起，拍几张照片发到朋友圈或者其他社交平台上分享给更多人。

所以，体验要有取舍，找到并设计关键时刻，让用户可感知、可记忆、可传播。

误区三：缺乏触点之间的串联

如果各个接触点之间没有形成有效的串联，消费者可能会在不同的环节中感受到有割裂感的体验，最终影响品牌形象。

◎ 小贴士：关注感知度与连贯性

每个品牌都希望通过触点向用户传递品牌价值，但你有没有审视过用户对这些触点的感知度呢？你为用户做了 10 件事，他感知到了多少？

同一件事，不同触点的传达可能产生不一样的效果。比如打车这件事，几乎所有年轻人都会用打车软件，但是这对老年人而言却非常困难。所以，现在像上海这样的一线城市推出了街边电话亭一键打车服务，换了一个触点，让老年人更好地感知打车服务。

触点帮助用户感知品牌价值，但若触点之间不能有效串联，也很难在用户心中形成立体的品牌印象。所以，关注用户经历的每个阶段之间的转化率非常重要。

比如，你在社交媒体上看到了一位博主的介绍，被种草了某个产品或服务，可当你想要了解更多的时候，却很难找到更多信息，你可能就放弃了，你的用户旅程也就断了。

但是，如果你能便捷地找到更多信息，你对这个品牌的兴趣和信任就会加深，从而推进到体验或购买的阶段。而有了好的使用体验，你可能会想要分享给自己的朋友，于是这个服务就有了更多新用户，以此形成一个良性循环。

所以，各阶段之间的连贯性和感知度，也是品牌体验需要关注的重要问题。

总结

儒家经典《礼记》曾经提出警世名句："修身、齐家、治国、平天下。"翻译成大白话就是：古代那些要想在天下弘扬光明正大品德的人，先要治理好自己的国家；要想治理好自己的国家，先要管理好自己的家庭和家族；要想管理好自己的家庭和家族，先要修养自身的品性。

所以，"修、齐、治、平"这四者是由个体到组织，再到国家社

寻找创新突破点：CBI 模型

会的层层递进关系。实际上，品牌体验的构建也需要层层递进。

品牌体验特别强调的是"点、线、面"这三个层次。所有的产品和服务都包含这三个层次，只是它们的配比不同。就像做菜，原料相同，配比不同，味道也会千差万别。

点是触点，重点在于如何让用户感知；线是旅程，重点在于如何连点成线；面是品牌，重点在于如何让用户记住。

未来属于那些将品牌体验融入每一个触点、每一段旅程的企业。品牌体验不仅仅是一个策略，更是一种永恒的力量，它推动品牌不断向前，走得更远、更稳。

思考一下

用户从哪里看到你的品牌？用户从哪里进店？之后做了什么？用户和服务人员之间如何交互？用户与其他用户之间如何交互？用户买单时的体验如何？最后又是怎么离开的？用户如何评价和转介绍你的品牌？

I——internal process，组织变革

服务的本质是解决用户问题，而不是完成任务。企业要做的，不是让员工像机器一样执行任务，而是让服务能与用户产生情感连接，从"以标准为中心"转向"以用户为中心"。

组织变革的基石：你的中后台决定了你会有什么样的前台

被小米创始人雷军称为"中国零售界神一般存在"的胖东来，用无微不至的主动服务成就了泼天的流量，也吸引了全国各地的企业组团游学，坐着大巴车前往"取经"。

在胖东来的商场里，你随处可见企业代表们现场拍照、认真记录、奋笔疾书，想把胖东来的各种细节搬回自己的企业去"复制成功"。但令人意外的是，至今没有一家企业能真正复制胖东来的成功，为什么？

因为服务是有基因的，而每家企业的服务基因不同，这就好比每个人的基因，独一无二，不可简单复制。

寻找创新突破点：CBI 模型

学胖东来，不只是学蹲下来擦地

很多人去胖东来参观，看见保洁员蹲在地上擦地，于是回去就开始效仿："你看人家胖东来的员工多用心，你也要蹲下来擦地。"有的企业甚至直接给保洁员涨工资，以激励他们像胖东来的保洁员那样认真擦地。

然而，过了一段时间，大家发现：员工蹲下来擦地了，工资也涨了，地还是擦不好。为什么？因为专业度，远比"蹲下来"更重要。

以保洁为例，胖东来有一本 200 多页的保洁实操手册，里面详细规定了清洁剂的使用方法、不同类型扫地机的操作说明、地面材质与清洁方式的匹配要求，以及日常工作流程。这些细致入微的标准，才是确保地板真正干净的关键。有人甚至开玩笑说："胖东来做保洁，比专业保洁公司做得还要好。"

所以，胖东来的保洁员不是简单地蹲下来擦地，而是掌握了一整套专业的清洁方法，确保每个环节都做到最优。

不只是保洁，胖东来为不同的岗位制定的操作手册有 1000 多本，总页数大约 85 000 页，这套资料规模庞大，事无巨细地规定了各个岗位的操作办法和考核标准。

更重要的是，胖东来的每一本操作手册，都不是僵化的"规则"，而是一套不断迭代优化的动态体系。每天早上 9:30 胖东来开门，这套体系就开始有序运转——从个体到小组，从部门到门店，再到公司高层，形成了一套稳定且高效的管理模式。

有了这套体系,每个岗位都知道自己该做什么、如何做到最好,胖东来的管理者不需要每天事无巨细地"盯"着员工,整个企业可以实现长久的稳定发展。

专业服务,不只是前台的微笑

很多企业在学习胖东来时,只看到了它的微笑服务、极致体验,却忽略了这些背后的支撑体系——靠的不只是对顾客好,更是对供应链、物流、组织协同全方位的极致优化。

胖东来建立了"四方联采"机制,与多家企业建立联合采购,降低供应链成本,在确保产品质量的同时,也为更多服务创新留出了空间。它还投资超亿元构建物流中心,提高配送效率,使商品供应更稳定。这些不仅满足了自家门店的需求,还能支持其他商超,进一步扩展品牌影响力。

这些底层能力的构建,正是胖东来极致用户体验的底气。

近年来,在用户需求减少和直播带货的双重冲击之下,传统商超的黄金时代告一段落,而逆势增长的胖东来成为各大商超的"爆改"模板。然而,如果只是照搬胖东来的服务细节,往往"画虎画皮难画骨",无法复制胖东来的成功。

极致的用户体验绝非单靠前台的努力。"以用户为中心"已成为品牌竞争的核心逻辑,但满足用户日益挑剔的需求,需要组织的全面协同。

- **中台赋能**:实时调配资源,让前台更灵活地应对复杂场景。
- **后台保障**:高效的基础设施和响应机制,为创新提供底气。

寻找创新突破点：CBI 模型

分工是基础，协同是核心。前台的每一次卓越表现，都离不开中后台的默默支持。只有每个环节相互成就，品牌才可以真正走进用户的心里，甚至成为难以取代的存在。

在推动组织变革时，前、中、后台的协作是一个至关重要却常常被忽视的环节。如何确保用户在每次与品牌接触时，都能获得一致的优质体验？从服务蓝图的视角来看，我们可以找到优化这一协作的有效方式，从而打破各部门的信息孤岛，实现真正的无缝协作。

服务蓝图：优化协作的关键工具

大家在谈到组织割裂问题的时候，很多都提到了沟通的问题，以及部门之间信息同步的问题。服务设计中有个工具叫作服务蓝图，它是一种可视化工具，描绘了服务交付过程中不同组件之间的关系，特别是这些组件如何与用户旅程中的各个触点相关联。

我们可以把它看作用户旅程图的纵向延伸，它深入展示了用户所体验到的服务背后发生的所有环节，包括用户看到的和看不到的内容。通过服务蓝图，组织能够系统性地理解服务运作过程中的所有资源、流程和支持结构，从而识别和把握服务优化的机会。

通过这种全面的视角，企业能够发现影响用户体验的关键环节，清晰了解各职能部门之间的协作方式。这对于涉及多触点的复杂服务场景尤为重要。以餐厅为例，为了确保堂食和外卖体验一致，可能需要制作单独的服务蓝图来优化每个流程，从而既确保满足用户期待，又提升内部效率。

组织变革的引擎：文化是完整体验的灵魂

当组织流程逐渐调整后，组织文化是下一阶段的重点。

组织文化塑造了员工的行为方式，而员工的行为又直接决定了用户的品牌体验。换句话说，品牌体验是组织文化的外在表现，因为用户能通过与品牌的接触感知到这种文化。

2015年，连锁咖啡品牌 Manner 以"精品 + 平价"定位进入市场，迅速吸引了上海当地白领的关注。通过严格的咖啡师培训、自带杯减 5 元等特色服务，Manner 在成立初期建立了高性价比与独特用户体验的品牌形象。

然而，随着资本的涌入，Manner 开启了快速扩张之路，2023年 10 月底门店数突破 1000 家，但这也为其埋下了隐患。2024 年 6 月，随着咖啡师泼顾客咖啡粉、扇顾客耳光、与顾客互殴等冲突事件的曝光，Manner 的口碑急转直下，门店人员配置和员工待遇问题被推上风口浪尖。

Manner 创始人韩玉龙曾说：不想要机械化，不想抹杀掉每一个咖啡师的个性。这应该是一个有感情的品牌。为什么 Manner 活成了自己讨厌的样子？

在融资带来的盈利焦虑和价格战的裹挟下，Manner 开启了快速扩张规模化之路，同时仍旧坚持精品咖啡路线，采用半手冲的制作方式，即需要更专业的咖啡师亲手制作。

为了实现"精品 + 平价"，Manner 将成本压缩的重点放在咖啡

寻找创新突破点：CBI 模型

师身上。在这种情况下，咖啡师每天要保持高强度的劳动。多名曾任职的咖啡师在社交媒体上控诉 Manner 不近人情的制度。

在他们的描述中，咖啡师需要长时间进行高强度的工作，休息时间没有保障，且薪资与劳动付出严重不匹配。这些信息似乎让店员失控、将情绪"泼"向顾客的行为有了解释，但也让这家被资本眷顾而在短时间内快速扩张的咖啡品牌重新被审视。

与 Manner 相反，星巴克构建了一个更注重员工感受的"伙伴文化"。在星巴克，中国区员工被称为"伙伴"，这不仅是个称呼，更是企业文化的体现。

星巴克推行全员持股制度，一些兼职伙伴超过一定服务时间后也会持股，因为员工是股权人，所以他们的确是公司的伙伴。

而在工作中，这种伙伴关系来自彼此成就和共同成长。

比如，在星巴克，每个伙伴入职后都要学习咖啡知识，并不定期组织咖啡品鉴活动。伙伴们坐在一起畅所欲言，感受不同咖啡的口感，了解其背后不同的故事，一起分享浓郁的咖啡体验。

正式入职后，星巴克会给每个伙伴发一本星级咖啡培训手册，由门店经理或咖啡大师为他们培训，普及星巴克知识。除了培训手册，还会发一本咖啡护照，每位伙伴需要每个季度对季度适宜的咖啡豆进行品鉴和记录。通过积累，新伙伴可以迅速掌握专业知识，提升专业能力。

而最令星巴克伙伴自豪的，是他们的围裙。星巴克店员的围裙一共有 7 种颜色，但店员通常只穿 3 种颜色的围裙，即绿色、黑色、咖啡色，而围裙的颜色其实代表了星巴克内部的一种荣誉。

- 星巴克的绿色围裙是最初级的围裙，基本上所有的普通店员都穿绿色围裙。这种绿色也是星巴克的标志色，所以所有的店员以及员工都可以把绿色围裙穿在身上。
- 黑色围裙其实是一种身份的象征，星巴克内部每年都会举行严格的等级考试，分笔试和面试两个部分，只有通过笔试和面试之后才能拿到黑色围裙。与绿色围裙不同的是，黑色围裙上绣有店员自己的名字和星级。
- 而咖啡色围裙难得一见。它代表着星巴克的"咖啡公使"，意味着咖啡师需要对咖啡理论知识及星巴克品牌文化精通，咖啡制作娴熟，并且具有职业热忱以及与顾客沟通的能力等。此外，想要获得这件围裙，咖啡师需要参加星巴克内部的咖啡师大赛，只有在这个比赛中胜出才能获得咖啡色围裙。

与其说这些是围裙，不如说是一个个梦想。

星巴克通过"伙伴文化"构建了员工与品牌的认同感。

这种文化的本质在于让员工感到被尊重，进而传递出品牌的人性化价值。星巴克通过灵活的员工角色定位和开放的企业文化，实现了前台用户体验与中后台支持的协同。

换个场景，在上海兴业太古汇的星巴克臻选烘焙工坊，员工主动向顾客介绍产品、甚至合影互动，这种服务方式既展现了个性，也增强了用户的品牌黏性。

寻找创新突破点：CBI 模型

无论是咖啡行业，还是其他的服务体系，服务不仅仅是满足用户需求，而且是品牌使命、愿景和价值观的具体体现。只有通过调整组织结构，从研发、生产到市场销售，每一环节都与用户旅程匹配，才能真正实现前台用户体验的升级。

变革不是一个短期的项目，它就像打磨一块璞玉。企业需要不断改进、磨合，最终打造独一无二的品牌体验。这也要求企业中的每一个人——从高层管理到一线员工——都能够认识到变革的价值，真正将"以用户为中心"融入品牌的每个触点。

因此，在组织变革的路上，不妨问问自己和团队成员：我们正在做的每一项调整，是不是给用户带来了更多价值？是不是提升了品牌体验的质量？组织变革不只是为了适应市场的潮流，而是要真正构建一种以用户为导向、不断进步的品牌文化。

如何打赢组织变革这场持久战

在推动以用户为中心的组织变革时，许多企业都怀抱着改善流程、提升服务的愿景，然而实践中的一些经典误区，往往会拖住组织变革的后腿。

让我们逐一探讨，看看这些误区是如何影响变革的效果的，以及如何才能避免进入这些误区，打赢组织变革这场持久战。

误区一：谋定而后动，落地就不再调整

"谋定而后动"是古人的智慧，而在现在瞬息万变的时代，外部

I——internal process，组织变革

环境和内部情况随时发生着变化，等你"谋定"准备"动"了，你的竞争对手可能早就占领市场了。

过度追求完美，可能会导致缺乏灵活性，失去适应性。正如航行中的船只总要随着水流和风向微调航线，组织也需要在前台需求的变化中不断调整方向。

◎ 小贴士：从原型测试到动态反馈

服务原型是一个很好的方法，用最小成本去测试可行性、前中后台的配合度，以及用户的满意度。

灵活调整的关键还在于动态反馈。创建一个开放的反馈机制，不断获取员工在执行过程中的一手反馈，并基于这些信息及时调整细节。

误区二：各司其职，协同不足

在一些企业中，各部门往往"各自为政"，财务部门负责预算优化，市场部门负责用户体验改进，运营部门负责流程优化。

各部门"各司其职"固然可以提升专业性，但如果缺乏协作与沟通，整体效果很可能大打折扣。这种协同不足的状态就像一个乐队中每位乐手各自演奏不同的曲调，无法合奏出优美的音乐。

◎ 小贴士：建立"跨部门协作"机制

成功的服务设计一定是部门间的联动。拆除部门墙，建立跨部门

协作机制，将沟通与协调作为变革过程的重要一环。

比如，创建跨部门小组，以用户为中心，定期审查前台用户体验，并协同中后台进行优化和创新。

再比如，重要节点组织跨部门共创就是很好的方法，让大家快速对目标达成共识，并共创解决方案。

误区三：自上而下的强推

很多管理者在变革中采取"自上而下"的推行方式，认为只需发布命令即可实现目标。

然而，当"以用户为中心"只是上级的单方面指令，员工的抵触情绪便会逐渐累积。人们往往对外来的"强迫性变革"抱有抗拒态度，这在执行中表现为消极抵抗或敷衍了事，最终导致变革流于形式。

🎯 小贴士：自下而上的"全员参与"

真正以用户为中心的组织，不仅需要管理者的指引，更需要自下而上的全员参与。鼓励员工在变革方案制定和执行过程中提出意见，甚至让他们在某些环节中拥有决策权，这种参与感能够有效地转化为支持和认同。

自上而下的支持和自下而上的参与都非常重要，而前提是组织拥有统一的语言——工作的模式和方法论，服务设计就是很好的选择。

I——internal process，组织变革

回顾这三大误区，我们可以看到组织变革需要的是一种更灵活、更具沟通性、全员参与的模式。通过打破僵化思维、孤立部门和强制指令，"以用户为中心"才能真正扎根于企业的每一个层面。每一个反馈、每一次小组协作、每一位员工的支持，都是推动变革成功的关键。

"凯西姐"帮你玩转 CBI 模型

以下的自测题将帮助你从不同角度拆解自己的服务现状，找到最需要优化的方向：

- 你是否清晰了解特定消费群体的深层次需求？
- 你能否通过用户行为与情感观察，提前挖掘未被满足的需求？
- 你能否从用户的担忧和痛点中，识别潜在的品牌差异化机会？

- 服务中有哪些环节能够激发用户情感共鸣？
- 品牌是否通过差异化服务传递社会责任感？
- 用户是否因品牌服务而产生持续忠诚与认同？

- 你是否将用户需求有效嵌入了组织战略？
- 如何让员工成为服务创新的践行者？
- 公司文化是否与品牌承诺一致，从而提供无缝衔接的用户体验？

在思考这些问题的过程中，你或许需要一个能与你深度交流、激发思考的智能伙伴——"凯西姐"AI 智能体。欢迎关注桥中公众号并回复"凯西姐"获取。

"凯西姐"有着丰富的服务设计和大语言环境下的知识体系，它不是冷冰冰的搜索引擎，而是一个能理解需求、激发创新灵感、优化方案的服务创新智能助手。无论是用户洞察、品牌塑造，还是组织创新，"凯西姐"都能帮助你更高效地推进项目，让创意不再只是灵感闪现。欢迎你来探索帮助你输出内容的更多用处。

以下是"凯西姐"的一个运用实例。

我想设计一家像美孚 1 号 SM 车养护这样能获得市场和行业高度认可的汽车养护服务门店，请问要怎么做呢（见图 2-3）？

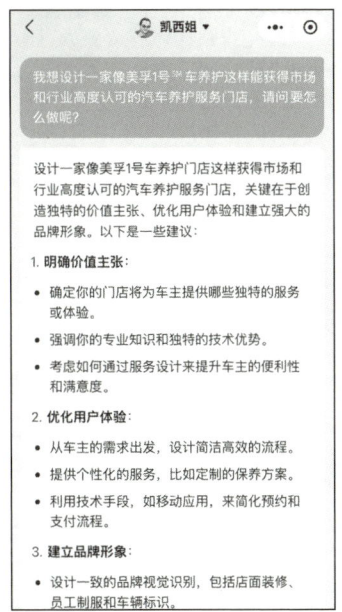

图 2-3

我要如何定位我的目标客户呢（见图 2-4）？

你可以帮我描绘一下典型的有车一族的用户画像吗（见图 2-5）？
你可以生成一张这个用户画像的图片吗（见图 2-6）？

寻找创新突破点：CBI模型

a)

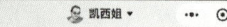

b)

图 2-4

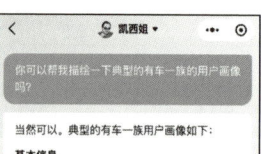

a)

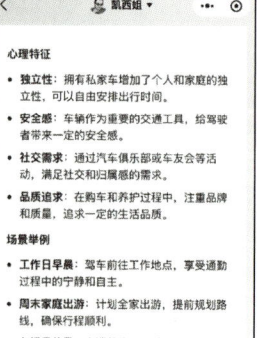

b)

图 2-5

图 2-6

帮我梳理一下车主在汽车养护服务门店的用户旅程,看看他们的期待和爽点是怎样的(见图 2-7)。你能基于这个用户旅程,设计出具有吸引力的服务方案吗(见图 2-8)?

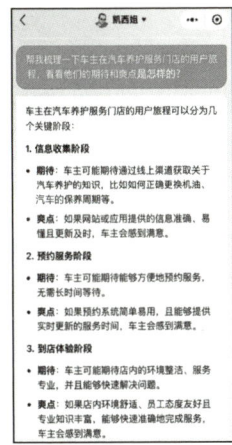
a)

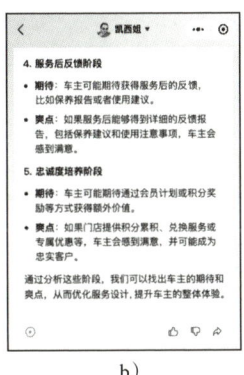
b)

图 2-7

寻找创新突破点：CBI 模型

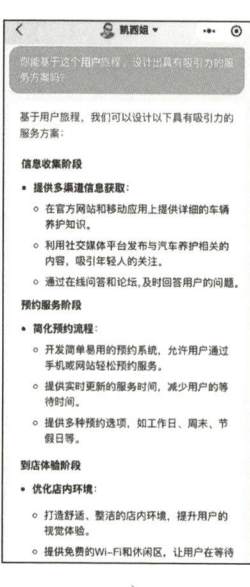
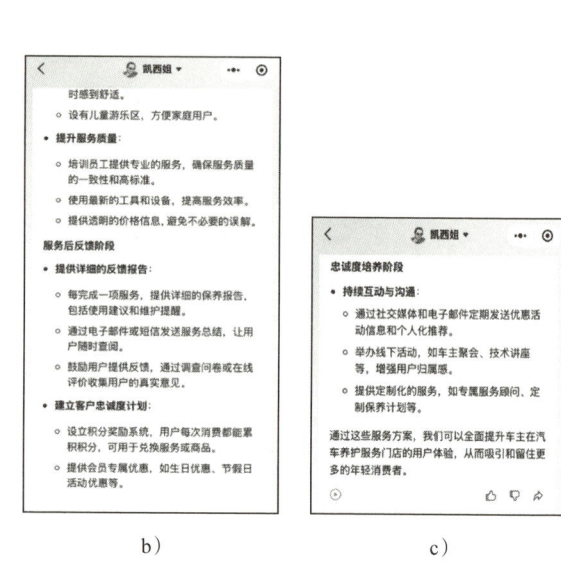

a)   b)   c)

图 2-8

这样互动，"凯西姐"更高效

- **明确需求**：尽量清晰描述你的项目背景和遇到的问题。
- **清晰提问**：使用示例格式提问，帮助"凯西姐"快速理解你的需求。
- **灵活互动**：不满意结果？可以直接补充要求或让"凯西姐"调整方向！

"凯西姐"不仅是你的 AI 助手，更是你服务创新路上的创意搭档，无论是灵感激发，还是优化落地，它都能帮你想得更深，走得更远。

PART 3

第 三 篇

50 个好服务案例

Good Service

如果你选择和定义了自己的服务原则，也探寻了薄弱点与突破点，接下来，要如何把灵感和理论转化为具体的行动，创造出与众不同且与企业服务基因一脉相承的好服务呢？

我们精选了 50 个实打实的"好服务"案例，每个案例都是一个独立的服务创新故事，提供了具体的实践经验。无论是个人独立思考，还是团队协作，都可以将这些案例作为灵感来源，提炼出符合自身需求的创新方案。

好服务案例库玩法指南

玩法一：冥想模式

适用场景：当你有时间安静下来深入思考，但并没有具体方向时。

精细阅读每一个案例，并结合以下问题进行思考。

C- 用户洞察：这个案例是如何洞察用户需求的？

B- 品牌体验：哪些服务细节提升了品牌体验？

I- 组织变革：这个案例在组织协作或资源整合方面有何创新？

实践建议：在每个案例卡片上打钩，记录你的灵感，并结合实际项目思考如何应用这些灵感。

玩法二：个人模式

适用场景：当你在项目早期阶段寻找方向，希望通过独立思考，找到灵感时。

快速抽卡：从书中的 50 个案例中随机翻阅 3~5 个，快速提取关键信息。

深度拆解：思考这些案例解决了什么问题，是如何实现的。将案例卡贴在白板上，制作灵感墙；将灵感写在便利贴上，贴在案例卡旁边。

灵感转化：列出 2~3 个可以直接应用到自己工作中的改进方案，为创意提供方向。

玩法三：团队模式

适用场景：团队共创工作坊、头脑风暴会议、跨部门协作，需要集体激发创意时。

参与人数：不限，建议 3~5 人/组。

案例探索：

第一步：准备。团队成员围桌而坐，确定传递顺序（可按顺时针或逆时针方向），可准备记录用的纸笔。

第二步：浏览。团队每位成员分别浏览书中 50 个案例，记录感兴趣的亮点或自己的灵感。

第三步：个人选择案例。每个团队成员从 50 个案例中随机抽取 1 个案例，并提出一个初步的创新点。

第四步：案例传递优化。将自己的案例和创新点传递给下一位成员。接收者阅读案例，在原创新点基础上补充或优化新想法。完成后继续传递给下一位，重复 3 轮（即每个案例需经过 3 个人的优化）。

分享总结：每个小组汇总优化后的创新点，并选出最具潜力的创意，讨论如何落地。

好的创意，不是一时的灵光乍现，而是不断探索、实践、优化的结果。每一次服务创新的突破，都是一次对服务的系统性思考。这 50 个精选好服务案例，能帮助你把创新落到实处，让好服务真正可见、可感、可持续。

案例 1

航旅纵横

用 Emoji 连接飞行体验，化解邻座难题

在旅途中，你有没有遇到过让人崩溃的邻座？有的外放视频，有的放任"熊孩子"在座位间奔跑……这些小插曲，让原本愉快的旅途变得令人不悦。你有没有想过，如果能提前了解邻座的状态，选择一个更适合自己的座位就好了。

航旅纵横 App 通过 Emoji 选座功能，巧妙化解了这些困扰。选座时，你不仅能选择不同的表情符号来表示你自己的旅程状态和偏好，比如"👨‍👧"表示带着孩子、"💻"代表商务出差、"🏃"意味着休息勿扰，还能看到周围的乘客用"😊"或"😡"表达他们的情绪和状态。

也就是说，如果你希望拥有安静的出行体验，在选座时你可以选择避开那些可能会打扰到你的乘客，比如那些标明"👨‍👧"，即表示自己带着孩子的乘客，同时你可以选用"🏃"向其他乘客表示自己希望不被打扰，这样你就能如愿享受到安静的出行体验了。

这个功能让乘客之间的互动变得更加和谐。通过简单的 Emoji，彼此的需求和状态都变得清晰可见，每个人都能对即将共享的空间有合理预期，减少因误解和意外而产生的摩擦与冲突。

 **凯西姐说**

航旅纵横 App 用这样一个轻松有趣的功能，不仅增加了选座的个性化选择，还填补了乘客之间的"信息空白"，每个 Emoji 不仅是一个符号，更是一座连接乘客的小桥梁，让飞行真正成为一段令人愉悦的旅途。

思考一下

如何运用互动方式,降低用户之间的冲突并提升整体体验?

案例 2

盒马鲜生

用色彩标识新鲜度，明确服务承诺

很多人在超市挑选生鲜食材时非常苦恼的一件事，就是无法判断食材的新鲜度，特别是蔬菜和肉类，稍不注意就可能买到存放过久的产品。

盒马通过推出"日日鲜"产品，设定"一日售卖期"，解决了这一难题，保证消费者买到的每一件产品都是当日最新鲜的。为了让新鲜度一目了然，在外包装设计上，所有"日日鲜"产品都采用了高品质的保鲜袋或保鲜盒，并在包装袋上用七种不同的颜色醒目地标注从周一到周日的七天，让消费者轻松分辨日期，买得放心。

更贴心的是，"日日鲜"产品不仅关注新鲜度，还在分量设计上进行了优化，确保消费者购买的产品既新鲜又适量。无论是单身人士还是大家庭，都能找到适合自己的分量，在减少浪费的同时也节省了家庭预算。

通过"日日鲜"产品和标识设计，消费者可以更简单安心地判断并选购理想新鲜度的食材，同时也能感受到盒马对产品品质的精细把控和主动承诺。

 凯西姐说

"日日鲜"产品用清晰、贴心的服务承诺，解决了消费者最基本的需求——吃得新鲜、买得安心。当然，我也听到了不同的声音，认为"日日鲜"产品的包装会引发环保问题，这确实是创新过程中需要不断解决的矛盾，这不禁让我反思：如何在保证消费者便利的同时，也承担起环保的责任？

思考一下

如何用简单、直观的方式传达服务的关键价值，增强用户对品牌的信任？

案例 3

喜茶

咖啡因亮起"红绿灯"，用户选择不犹豫

很多人在下单买奶茶时可能会担心，如果含有咖啡因会不会影响睡眠？由于不清楚咖啡因含量，最终收住了点奶茶的"罪恶之手"。如何才能既满足口感又不影响健康地做出选择呢？

喜茶推出行业首创的咖啡因"红绿灯"标识，用红、黄、绿三种颜色直观标出每款饮品的咖啡因浓度，红色为高浓度，黄色为中等浓度，绿色为低浓度。这种信息分级方式让消费者更容易了解饮品的咖啡因含量，从而根据个人需求做出最佳选择。如果你晚上想喝奶茶，可以选择绿色标识的饮品，如果白天需要提神，红色标识的饮品或许更适合你。

这种"信息分级"，不仅能解答消费者对咖啡因含量的疑虑，也让选择变得更加简单明了。喜茶选择以透明信息的方式和个性化的建议，帮助消费者做出最适合他们的决策。

除了喜茶的案例，2024 年上海还推出了现制饮料"营养选择"分级标识试点，霸王茶姬、星巴克、奈雪的茶成为首批试点品牌。这一"营养选择"分级方案，根据饮料中非乳源性糖、饱和脂肪、反式脂肪、非糖甜味剂等成分的含量，对饮料进行综合评定，分为 A、B、C、D 四个等级，推荐程度递减，进一步帮助消费者做出更健康的选择。

 凯西姐说

喜茶通过清晰的可视化标识，不仅让消费者对产品更有信心，也展现了品牌的责任感。这样的做法既帮助消费者轻松决策，也在无形中提升了他们对品牌的忠诚度。简单又聪明！

思考一下

在你的服务中,有哪些简洁、透明的方式可以减少用户的决策焦虑?

案例 4

小罐茶

颠覆传统售卖方式，让价值一目了然

许多人在购买茶叶时常感到头痛。人们走进茶叶店，往往被五花八门的茶叶选择弄得眼花缭乱，价格也让人心里打鼓，送礼又担心对方看不出茶叶的价值。

小罐茶恰好解决了这些困扰。它打破了传统的"茶叶论斤卖"的售卖方式，将茶叶按"一罐一泡"的形式进行出售，一泡茶的分量。小罐茶还推出10罐礼盒装，广受好评。小罐茶通过创新的包装方式，将每斤茶叶的折合价格提升至6000元，但消费者不需要一次性按斤购买、支付高额费用，单次只需支付一小罐的价格，这不仅降低了消费者的购买心理压力，还使得茶叶的购买过程变得更加简单直接。

小罐茶不仅在价格和包装上做出了创新，它还注重茶叶的品质保护。每一小罐茶叶都采用了充氮保鲜的铝罐包装，确保打开时茶叶能保持最新鲜的状态。无论是日常饮用还是作为礼物送出，茶叶的价值都得到了保障，送礼者也能更加自信地表达心意。

小罐茶将高品质茶叶与易于接受的定价方式相结合，满足了消费者对产品质量和购买体验的双重需求，也重新定义了茶叶消费的方式。

 凯西姐说

在推出新产品或新服务时，如果价格超出用户的预期，不妨通过改变售卖方式来降低他们的心理负担，增加他们的购买信心。价格本身未必需要降低，合理的售卖方式能够让用户感到舒适，甚至更加愿意购买。

思考一下

如何通过改变服务的售卖方式，降低用户的付出感？

案例 5

西贝莜面村

时间的"对赌",让等待变得可掌控

在餐厅就餐时,你好不容易从等位长队中解脱,上桌点完菜,以为自己终于可以吃上心心念念的美食,然而你左等右等,等到时间仿佛都停滞了,都没等到服务员送上一盘菜,此时你会不会很抓狂?

西贝莜面村有个贴心的小动作:你点完菜,服务员会往桌上放个沙漏,告诉你 25 分钟内菜肯定能上齐。一场"对赌"就此开始:要是沙子漏完,菜还没上全,西贝会送上免费的酸奶作为补偿。

沙漏让看不见的等待变得实实在在,让你看一眼就能清楚自己还要等多久。这场"对赌"让你的等待不再无趣,每一秒都充满期待。你觉得自己不再是被动的等待者,而是这场时间博弈的掌控者。

西贝莜面村深刻理解了顾客等待时的焦虑,并通过独特的互动方式缓解这种情绪,将无形的等待时间转化为有形的体验,使顾客从被动等待转变为主动参与。西贝莜面村这么做,是想告诉顾客,它很看重时间,也很看重服务,从而让顾客感受到它的用心和诚意。

 **凯西姐说**

以场景重构将负面体验转化为正面价值,将等待的"时间黑洞"变为用户看得见的沙漏,构建了一套"确定性交付系统",其核心不在于"赔不赔",而在于用物理媒介将服务承诺外显为可触摸的契约。当用户看见时间、掌控规则、收获惊喜,等待就从成本变成了品牌资产。

思考一下

如何将服务中的隐性等待转化为用户可感知的参与体验?

案例 6
Too Good To GO
一袋"惊喜",化解食物浪费的难题

在日常生活中,食物浪费是一个难以避免的问题。很多食物由于种种原因未能售出或未被吃完,最终只能成为厨余垃圾,这不仅浪费了成本,还对环境造成了负担。

为解决这个难题,几位丹麦年轻人创立了一款旨在减少食物浪费的创新 App——Too Good To Go。

消费者只需下载 App,选择所在地区,便能搜索附近的超市、餐馆或面包店剩余食物的"Surprise Bag"(惊喜袋)。通过提前预订,消费者可以用极低的价格购买到原本价值数倍的食物,比如支付 3~4 欧元即可拿到原本价值 12~25 欧元的食材。而且,App 还鼓励用户自带购物袋,真正将节约和环保理念落到实处。

更有趣的是,"Surprise Bag"中的食物由商家随机打包,这种未知的惊喜体验吸引了无数年轻人。商家也通过售出剩余食物获得收入,在避免浪费的同时实现了收益。这可谓用户、商家和社会的"三赢"。

 凯西姐说

Too Good To Go 的意义远不止于减少浪费,而在于通过创新的商业模式让每个参与者都感受到价值。在设计服务时,我们不仅要想着解决问题,更要让每个参与者都感受到价值。

> 思考一下

你的服务如何重新定义"问题",以让用户看到参与的意义,并实现"三赢"?

案例 **7**

始祖鸟

保姆级售后服务，让旧衣"焕"新衣

户外运动爱好者常常面临这样的问题："斥巨资"买了一件最新款冲锋衣，弄脏了却不知道如何正确清洗和保养，而送去普通干洗店，不仅价格贵，还可能因为不专业的处理而损坏衣物，"赔了夫人又折兵"。难道就没有省钱、省力又省心的解决办法吗？

始祖鸟深知用户的困扰，为会员提供了贴心的免费洗护服务。用户在门店消费达到一定金额后，即可兑换清洗次数。只需将衣物送到店内，剩下的事情交给始祖鸟即可。品牌利用专业设备进行细致清洗，确保衣物得到妥善处理。清洗完成后，衣物会被精心包装起来，并通过快递送回家中。

收到衣物的那一刻，也是用户最惊喜的一刻。冲锋衣被精心装在一个印有始祖鸟 logo 的黑色盒子里，又酷炫又精致。打开盒子，衣服整洁地叠放在专属防尘袋中，干净得仿佛是新的一样。盒子里还附带一张洗护受理卡，上面写着一行小字："感谢您将产品托付给我们处理"，并详细说明如何处理顽固污渍。

这样细腻又充满仪式感的服务，不仅让用户体验到"旧衣如新"的惊艳感，还能学会更好地保养衣物。

 凯西姐说

现在越来越多的品牌意识到，售后服务早已不再局限于简单地解决问题，而是品牌和用户建立情感联系的重要途径。对任何品牌而言，延长用户旅程并在关键节点提供超预期的服务，都是建立用户信任和忠诚的绝佳机会。

> 思考一下

在你的业务中，如何将用户担忧的点转化为与品牌建立信任的关键点？

案例 8
PullTag™
从混乱到高效，分诊标签让救援快如闪电

在大规模伤亡事件中，时间就是生命。传统的分诊方式需要急救人员手写记录，不仅耗时，还容易乱中出错。面对复杂、紧急的救援场景，这种烦琐的方式显然不够高效。

由美国非营利性应用科学和技术开发公司 Battelle 与哥伦布市消防局联合开发的 PullTag™ 分诊标签，让急救分诊从烦琐转向高效。急救人员只需撕下标签上的对应部分，便能快速标记伤者的伤情信息：受伤部位、急救措施、跟踪记录，一目了然，无须耗时书写，也避免了记录遗漏。抵达医院时，医生还能从标签背面了解到更详细的患者信息，如姓名和出生日期，方便后续治疗。

PullTag™ 颜色分明的分类系统让急救人员能快速找到适合当前伤者的条带，标签通过环扣和尼龙搭扣轻松固定在伤者手臂上。便携式设计可以让 PullTag™ 轻松被收纳进标准 EMS 应急包，随时随地高效使用。这种低技术解决方案不仅减少了电子设备的故障风险，还适应了昏暗、多变的救援环境，真正为急救现场量身打造。

PullTag™ 的便捷性确保了在宝贵的时间内高效处理伤情，避免因为拖延导致更多伤亡。数据显示，这种创新的分诊标签显著提升了急救效率和准确率，成为大规模伤亡事件响应中不可或缺的救援利器。

 凯西姐说

传统的分诊方式既慢又易出错，而 PullTag™ 用简单直观的方式让生命救援快如闪电。这不仅是工具上的创新，更是救援思维的升级。它让急救人员在最关键的时刻做出最准确的判断，真正实现"零打扰、零延误"的高效急救。

思考一下

你的服务中是否存在"费时且易错"的环节？如何通过重新设计工具或流程，让复杂操作变得简单直观？

案例 9

海底捞

演唱会结束后的神秘大巴车,实现快乐双向奔赴

演唱会的场馆一般比较偏远,交通不便是一个痛点。演唱会结束时人流量大,打车就更是难上加难。海底捞看到需求,在演唱会门口提供免费巴士"捞人"去吃火锅,实现了从场馆到火锅店的"一站式衔接"。

海底捞秒变"门口捞",上车前,服务员小姐姐热情呼唤,多家门店任君挑选。到店后,点餐用餐一条龙,一路嗨歌热闹不停。

海底捞提前做好功课,在歌迷们到达后,按照不同明星应援色分区安排座位。在用餐区,海底捞还设置了签到墙、音响、话筒,给意犹未尽的歌迷们一个继续嗨唱的氛围,甚至店里员工会一起拿着荧光棒,打造海底捞"演唱会 afterparty"(后续派对)。

同时,韩国、日本、澳大利亚等海外门店的海底捞亦然,成了演唱会后歌迷们的团建基地。

听完演唱会后,只是去吃饭吗?显然不是。海底捞创造了一个粉丝大型"续嗨"盛宴。

 凯西姐说

强者会为自己创造机会,而不是抱怨环境。海底捞找准了"兴奋未平、用餐未定"这个黄金时间点,用大巴车接驳巧妙地"收编"了原本无处安放的夜间消费需求。当品牌能在消费者最需要的时间与场景精准与其相遇,就能以最小成本撬动最大的用户增量。

> **思考一下**

你的业务是否能锁定与自己服务调性最契合的目标客群,提供独特的"场景延伸"服务?

案例 **10**

上海博物馆

奇"喵"夜，与爱宠一起开启博物馆之旅

你有没有想过带着宠物参观博物馆？上海博物馆的"奇'喵'夜"活动开放200个宠物猫名额，让它们与铲屎官一同参观《金字塔之巅：古埃及文明大展》。这场跨越时空的文化盛宴，将古埃及对猫神巴斯泰特的崇拜与现代人对"喵星人"的热爱完美结合，创造了独特的观展模式。

活动设置了多个互动环节，比如"萨卡拉的秘密"展厅展出了与猫相关的珍贵文物，结合虚拟现实的展览设计，猫脚印标识、猫叫声环绕，以及灵动的猫咪身影在墙上跃动，都让人身临其境，感受浓厚的古埃及文化氛围。

除了参观展览，博物馆还设立了如"猫爪祈福"、与"子母猫雕塑"合影及"携宠云游埃及展"等互动项目，每位活动参与者还能获得独家定制的奇"喵"夜专属护照。

为了确保宠物和主人都能享受舒适的参观体验，博物馆提供了猫咪寄存处、猫咪情绪稳定剂和定制猫推车等专业设施及用品。所有工作人员都经过专业培训，确保每只宠物猫得到精心照料。

 凯西姐说

从活动的前期准备到展览中的互动，再到结束后的清洁，每个环节都精准把握宠物和主人的需求，确保关怀与尊重。这种细致入微的触点设计，不仅提升了上海博物馆的品牌形象，还展现了上海的"宠物友好城市"理念，体现了上海对人类与动物和谐共生的关注。

思考一下

在你的行业中,如何结合细化服务和互动体验,打破传统界限,创造出新的市场亮点?

案例 11
Jellycat

沉浸式"过家家",玩偶治愈"不开心"

如今,毛绒玩偶不只是孩子的专属,更是治愈成年人世界的必需品。打开社交平台,你会发现 Jellycat 正成为许多人"戒不掉"的温暖陪伴。有人在深夜加班后抱着玩偶深吸一口,瞬间恢复元气;有人精心为玩偶穿衣打扮,甚至布置温馨的小窝。

这些玩偶早已超越了普通物品的范畴,更像一份专属的"情感慰问品",陪伴人们度过低谷时刻,为生活增添力量与欢乐。Jellycat 深刻洞察现代消费者的情感需求,突破了传统玩偶的模式,用沉浸式体验触动消费者的内心。

在纽约,Jellycat 推出了一家"快餐店"主题的限时体验店:店员化身"餐厅服务员",为顾客"制作"并"打包"玩偶汉堡和比萨。整个过程像极了小时候玩的"过家家",充满童趣,恰到好处地满足了成年人的情感需求。很多顾客排起长队,只为体验几分钟的暖心互动,这样的趣味场景让人们瞬间沉浸其中,收获满满的治愈感。

毛绒玩偶柔软的触感,配合"过家家"般的互动设计,再加上高度契合情绪需求的消费体验,让 Jellycat 不仅是一件商品,更是一种情绪价值的象征。它回应了人们对情感慰藉的渴望,将购物体验升华为一场触动心灵的冒险。

 凯西姐说

品牌价值不应该仅仅体现在交易关系上,还应该体现在如何与用户建立深厚的情感联系上。Jellycat 通过沉浸式互动和全方位体验设计,将购物从简单的消费行为升级为充满疗愈与陪伴的情感交流。它洞察并满足了现代人对情感慰藉与真实连接的渴望,让品牌与消费者的多元身份产生深刻共鸣。

思考一下

如何在产品销售的场景中，融入多元化的服务元素，提升顾客参与感？

案例 12

亚朵酒店

酒店里的购物体验，打造品牌的第二增长曲线

很多人在住酒店时可能有过这样的体验，特别喜欢酒店的床上用品、香薰或洗护用品，却不知道能在哪里买到同款。

亚朵酒店敏锐地捕捉到这一需求，基于"深睡场景"做了货架设计，在一楼大堂打造了"亚朵生活馆"，展示并出售酒店内使用的高品质床品、洗护用品及香氛等特色商品，让住客轻松实现"所见即所购"。若不方便随身携带，住客还可以选择线上下单，产品直接快递到家。

除此之外，住客还能在酒店内直接体验产品。你只要在亚朵官方平台注册，满足不同条件就能成为不同等级的会员，而不同等级的会员可以享受不同数量的免费产品。如果你想体验亚朵的深睡枕 Pro，在预订房间时可以勾选。到真正入住时，酒店工作人员会把枕头送到房间。接下来，你就能亲身感受自己预先勾选的产品了，如果喜欢可以直接在大堂下单买回家。

亚朵通过这一举措成功突破了酒店大堂的交通枢纽和办理入住与退房的传统功能限制，将大堂转化为充满商业价值的购物场所。

 凯西姐说

亚朵酒店这种贴心的服务不仅满足了住客对产品的即时需求，还将"喜欢"转化为"购买"，打通了住客从体验到消费的全链路，让亚朵从单一住宿服务转型为涵盖生活方式的品牌探索。对于任何以体验为核心的服务行业，这种打通体验与消费的模式都值得借鉴。

> 思考一下

你如何挖掘隐藏需求并将其转化为新的服务方式,为品牌带来新的增长点?

案例 13

蔚来汽车

随叫随到的"移动车间"，让出行更安心

开车途中，谁都不希望汽车突然发生故障，尤其是在偏远地区的高速公路上，长时间等待拖车人员到来或者寻找附近的维修点都让人焦急不已。如果这时候能有一项及时雨般的服务，随时随地响应，快速解决车辆问题，那该多好。

蔚来汽车正是基于这一需求，推出了"蔚来移动服务车"，这款服务车不仅仅是传统意义上的维修工具车，而且是车主可以随叫随到的"移动车间"。车内配备了全自动扒胎机、动平衡机、手推车、安全凳等多种专业工具和设备，可以完成轮胎更换、动平衡调节以及全面的车辆故障检查和修理。即便是在野外或高速路段，车主也能享受到如同专业维修站般的高效服务，免去了等待拖车的环节。

不仅如此，这款服务车具备出色的灵活性，无论问题简单还是复杂，它都能迅速响应，从城市街头到偏远路段，几乎覆盖了车主可能遇到的所有场景。蔚来移动服务车不仅让车辆问题得以及时解决，还显著提升了车主的安全感与用车体验。

 凯西姐说

蔚来移动服务车是对传统汽车维修模式的一次颠覆式升级。从产品到服务，品牌通过对车主需求的精准把握和积极回应，将"被动应对"转变为"主动解决"，大大提升了用户体验。这不仅是技术创新的体现，更是品牌对车主关怀的落地。每一次及时救援，都为用户与品牌之间构建起坚实的信任桥梁。

思考一下

你的服务如何应用"主动服务"模式,以便利用户、提升其品牌忠诚度?

案例 14

玉佛禅寺

从传统到温暖，宠物友好让寺庙焕发新魅力

你知道上海玉佛禅寺，不仅是宁静致远的佛门圣地，还被称为上海最"宠猫"的古寺吗？如果你是一名铲屎官，这里甚至能让你和宠物一起感受禅意。

在玉佛禅寺，庄严肃穆的佛堂之外，是一片温暖的动物友好天地。流浪猫们在这里找到安稳的归宿，不仅受到僧人的悉心照料，还享有专属的"猫别墅"——大橘禅院。这个特别打造的空间，让猫咪们过上无忧无虑的日子，也为寺庙增添了不少生机与趣味。

作为"宠物友好"寺院，玉佛禅寺更是向其他毛孩子敞开怀抱，欢迎宠物与主人同行。只要宠物肩高不超过 40 厘米、体重不超过 15 公斤，并使用推车、背包或手抱方式携带，就能与主人一同进入寺院（但须避开殿堂区域以尊重佛门清净）。

寺内的贴心设计更是处处彰显温暖：在殿堂台阶侧，特地安装了宠物饮水用的水龙头，让带宠物的游客不必为毛孩子的基本需求发愁。这里的僧人和游客都对宠物格外友好，整个寺院弥漫着一种人与动物和谐共处的美好氛围。

 凯西姐说

在传统寺庙场景中，宠物友好的设计看似"小众"，却能在细节处打动人心。玉佛禅寺的创新在于尊重传统与关怀现代的无缝结合：一方面维持清规戒律的庄严氛围，另一方面也为现代养宠人群创造了愉悦体验。它以"无形之手"消除人与动物的隔阂，让每一位游客都感受到寺庙包容与温暖的力量。

> 思考一下

你的服务场景是否有"传统与现代"交织的关键点?

案例 15 Keep

从门外汉到健身达人，定制计划让运动轻松上手

对很多健身小白来说，由于缺乏系统的运动知识，从拉伸动作、呼吸节奏到健康饮食，复杂的信息如同一道道"门槛"，虽然想健身，但最终还是对健身望而却步。

Keep 让健身变得简单易行。根据用户体能水平、兴趣偏好和时间安排，Keep 为用户量身定制专属健身计划，包括训练项目、训练频率、训练时长及健康饮食建议，无论是力量训练、有氧课程还是室外跑步和骑行，Keep 都能提供科学的指导。用户只需铺上瑜伽垫、打开 App，即可享受零基础、零门槛的健身体验。

Keep 的个性化功能尤为出色。通过将复杂的健身过程拆解为多个小目标，Keep 帮助用户循序渐进地建立运动习惯。比如每日任务、训练项目和饮食建议都以小目标呈现，降低健身的门槛。同时，Keep 提供可视化的进度追踪和成就徽章，以正反馈机制激励用户，让每一次努力都带来实实在在的成效，从而提高用户健身的积极性。同时，借助大数据分析，Keep 还能持续优化课程内容，满足用户的多样化需求，为他们带来新鲜感与长久动力。

 凯西姐说

Keep 通过分步引导，将高门槛的健身学习拆解为易上手的小目标，快速满足用户"尽快看到效果"的心理需求。它不仅提供运动指导，还构建了新手友好的运动生态，持续优化用户体验。这种策略对所有希望通过个性化设计提升用户黏性的服务都有借鉴意义。

> 思考一下

你的服务如何运用个性化定制和循序渐进式引导,帮助用户在最短的时间内获得成就感?

案例 **16**

肯德基

美食快车道，全球轻松取餐

当你赶时间却饥肠辘辘，既找不到停车位，又不想浪费时间下车时，怎么办？肯德基汽车穿梭餐厅便成了最贴心的选择。无须下车，就可以一站式完成点餐、支付和取餐，全程流畅高效，让用餐变得省时省力。

肯德基汽车穿梭餐厅建有专用车道，顾客只需开车到窗口点餐，接着驶向下一个窗口领取餐品，然后离开，整个过程行云流水。为了确保驾车顾客快速进入点餐流程，肯德基在餐厅外部设计了醒目的招牌和清晰的动线标识，引导顾客迅速找到入口。点餐、支付、取餐，每一步都无缝衔接，最大限度地优化了用户体验。

不仅如此，肯德基还借助数字化工具进一步提升服务效率。通过高德地图内置的"肯德基车速取"功能，用户可在线下单，系统会匹配沿途最适合的肯德基门店，并同步计算到达时间与餐品制作时间。待用户抵达时，餐品已准备妥当，门店工作人员会在指定位置直接递送餐品，为顾客提供"即拿即走"的便捷体验。

更值得一提的是，肯德基将这一服务体验全球统一化。不管是在东京、纽约，还是在上海，肯德基汽车穿梭餐厅的布局和标识始终保持高度一致。无论身处何地，顾客都能享受到熟悉且高效的服务。这种标准化设计不仅增强了品牌辨识度，也为全球消费者带来了稳定且可信赖的用餐选择。

 凯西姐说

肯德基将品牌的便捷与效率理念在汽车穿梭餐厅中发挥到极致。这背后是一种跨场景的思考方式：肯德基不仅提供食物，更关注人在汽车这一移动场景下可能遇到的用餐难题。将品牌的主张融入场景化设计，并在全球范围内保持一致，是一种强大的服务整合策略，也是让用户在任何地方都能"想都不用想就能用"的绝佳品牌体验。

思考一下

对于"移动"或"紧急"的状态,你如何设计出一套快速、无缝的服务流程,让用户"想都不用想就能用"?

案例 **17**

卡塔尔航空

AI 奇遇之旅，让每位旅客做自己的主角

想象一下，你成了一部浪漫冒险影片的主角，穿梭于世界各地的美丽城市，这样的旅行会有怎样的体验？卡塔尔航空通过创新的"AI 奇遇之旅"影片，将幻想变为现实，为乘客提供了前所未有的个性化互动体验。

卡塔尔航空发布的"AI 奇遇之旅"影片利用最先进的 AI 技术，融合品牌故事与沉浸式旅行体验。旅客只需访问卡塔尔航空官网，上传照片即可通过 AI 生成一部专属的浪漫影片，影片的背景涵盖卡塔尔航空航线覆盖的全球各大目的地。AI 技术不仅将旅客的面部特征和肤色与角色精准匹配，还为其定制独特的冒险故事，让旅客"亲自出演"这一部奇幻影片。

对旅客来说，这种体验不仅让他们成为服务的接受者，更成为故事的主人公，满足了其个性化需求和对新奇体验的渴望，进一步加深了与品牌之间的情感纽带。

 凯西姐说

在这个信息过载、竞争激烈的市场中，品牌要脱颖而出，必须打破传统的单向沟通模式，转向更具互动性、个性化、情感化的服务体验。通过将先进的科技与情感营销相结合，卡塔尔航空打造了一个能够深深打动旅客的品牌故事，让每位旅客都成为自己故事的主角，从而实现了品牌与旅客的深度连接。

思考一下

还有哪些方式可以提升用户的参与感,并进一步加深品牌与用户的情感联系?

案例 18

腾讯地图

夏日"吃瓜神器",一场地图上的双向奔赴

在很多人眼中,地图导航可能就是一个找路的工具。但如果它还能帮你在酷暑中,以最快的速度吃上最香甜的西瓜,你还会这么认为吗？2024年夏天,腾讯地图联合大河报及河南各地城管系统推出了"河南夏日瓜果地图",覆盖河南省15个地市的1140多个瓜果销售点,在腾讯地图中搜索"河南吃瓜地图"就能看到。这场夏日里的"双向奔赴",让果农轻松卖瓜,消费者快速吃瓜。

对果农来说,这是一条精准的"致富之路"。地图标记的瓜果销售点不仅已经过城管认可,免去审批和付费流程,还配备了遮阳伞、垃圾桶等贴心设施。每个销售点明确了经营范围、责任人和监督电话,既方便果农销售,又保障了销售点管理井然有序。对消费者而言,这能够让他们实现"吃瓜自由"。只需打开腾讯地图,就能轻松找到附近的瓜果销售点,直奔果农摊位,买到最新鲜的当季瓜果,真正实现了从田间到舌尖的无缝衔接。

在那个炎热的夏天,腾讯地图用一张"河南夏日瓜果地图"连接城市和田野,不仅让果农多了销路,也让市民多了一份甜蜜。科技助力民生,这才是地图的最佳打开方式。

 凯西姐说

"河南夏日瓜果地图"充分发挥了 GIS 技术的潜力,让地图从单纯的导航工具转变为动态场景服务平台。通过实时更新销售信息、优化销售点分布,腾讯地图为用户提供了更加便捷的"即需即得"体验。不仅实现了果农与消费者之间的无缝连接,还激发了地图服务的更多可能性。

> **思考一下**

在你的行业中，新技术如何通过连接不同用户群体（如供需双方）来创造新的价值链？

案例 19 GXG

入住即可"换装",差旅衣物不再愁

在繁忙的商务旅程中,这些问题常常困扰着职场人:舟车劳顿之后,发现自己特意穿来见客户的"战袍"皱巴巴的,无法体面地见客户,而去商场买一套新衣服又来不及。

为了帮助出差人士应对这样的困境,男装品牌 GXG 与亚朵酒店联手推出了"零压借衣站"快闪服务——住客可以在指定酒店内借用 GXG 西服外套,并且有三种款式可供选择,轻松解决"衣服皱了""衣服不够"或"职场形象不得体"的难题。这不仅便利了顾客,还让亚朵酒店在细节服务上打出了品牌差异化的优势。

亚朵酒店不仅很好地洞察了差旅住客的需求,还通过细化服务提供了与众不同的住宿体验。与 GXG 的合作,为出差人士提供了方便快捷的穿衣问题解决方案,使住客的商务之旅更加顺利舒适。

 凯西姐说

亚朵精准抓住了"商旅出差"场景中的服装痛点,通过与 GXG 的跨界合作,让酒店不仅是住宿空间,更成为解决客户全方位需求的服务站。当酒店从"提供床位"升级为"提供生活方案",就能够实现服务价值的倍增。

思考一下

在你的行业中，哪些痛点可以通过生态联动得到解决？

案例 20
超级猩猩

随走随练，让健身如点餐般轻松

如果你办过健身卡，可能遇到过这样的困扰：传统健身房的年卡绑定了固定套餐，让人非常不自由；在缴纳高额费用后，却发现自己根本没有时间，或者没有毅力坚持健身。

超级猩猩以全新的方式颠覆了传统健身房的运营模式，为现代都市人带来了更灵活的健身体验。通过零售化的课程模式，用户可以像逛超市一样"随走随练"，不再受制于固定合同或长期承诺，无论是健身新手还是资深爱好者，都能根据需求自由选择课程。

超级猩猩提供按次付费和随时退余额的消费机制，用户无须再为年卡费或隐性成本担忧。健身变得像"点餐"一样简单，用户可以随时根据需求选择课程，免除额外心理负担；每堂课程明码标价，消费清晰透明，确保每一笔支出都公开可见，消费体验更安心；轻量化的服务模式，课程安排和场地运营基于"随时可用"的理念，将健身变成用户生活中一件"轻而易举"的小事。健身房采用无人值守模式，用户通过自助系统预订和签到，无须烦琐的手续或人员介入。

 凯西姐说

超级猩猩透明定价、灵活退费的策略让用户进退自如，这自然而然地增加了用户黏性与信任。对任何行业来说，抓住消费者对"灵活与透明"的需求，并提供真正的"轻量化"体验，往往能直击痛点，打破僵化模式，赢得市场先机。

思考一下

如何打破原有的"长期绑定"或"套餐式"销售模式，为用户提供更大的主动权？

案例 21
Station of Being
公交车站化身"避风港",让等车成为一种享受

下班后,你是否曾在公交站面无表情地等待车辆到来?尤其是对于社恐人士或者 i 人来说,高峰期的拥挤、陌生人的无边界感,可能比等车本身更令人窒息。而位于瑞典于默奥大学校园中心的 Station of Being 公交车站,像一个温柔的避风港,为每一位乘客创造了独一无二的等车体验。

Station of Being 公交车站为每位乘客提供了单独的旋转吊舱,它不仅可以倚靠,还能根据个人需求旋转调整,成为独属于你的"等车包厢":如果你想一个人待着,吊舱能帮你隔绝人群,提供一个安静的小空间,既舒适又安全;如果你喜欢与人互动,也可以将吊舱旋转成开放式,与亲友或其他人面对面交流。

旋转吊舱提供私人空间,不仅在物理上隔开了人群,还让乘客拥有了心理上的舒适和安全感,特别适合不喜欢社交的乘客,甚至吸引了更多人选择公共交通。数据显示,该车站启用后的头几周内,人流量增加了 35%。

 凯西姐说

Station of Being 公交车站既解决了传统公交站拥挤、嘈杂的问题,也让不同需求的乘客都能找到属于自己的"舒适圈"。这种贴心的设计,让等车不再是一件让人不适的事情,而是一种贴心、愉悦的日常体验。它提醒我们,哪怕是等车这种看似平凡的小事,也能通过创新设计焕发出无限可能。

思考一下

如果你是设计师,你能否为机场、火车站等候区域的旅客打造"隔离空间",让他们在嘈杂中找到宁静?

案例 22

联合利华

洗衣习惯大转变，只需一喷，旧衣变新衣

很多人可能有这个习惯：将只穿过一次但没洗的衣物都堆放在家里的某张椅子上，这些衣物既没有脏到需要清洗，但是也没有清爽到让你能直接穿出门。这种现象被称为"椅橱"，联合利华的调查显示，60%的千禧一代都会这样处理衣物。

针对这个现象，联合利华推出了全球首款干洗喷剂"Day 2"：只需将喷剂喷洒在衣物上，稍加抚平并悬挂约15分钟，喷剂中的"织物硬化分子"就能发挥作用，去皱，除臭，并软化布料，让衣物焕然一新。这款产品专为穿过但无须清洗的衣物设计，目标是帮助人们以更自信的姿态穿上"旧衣"。

除了关注生活节奏快的特点，"Day 2"还关注到环保需求。数据显示，40%的洗衣机清洗衣物并非真正脏污，仅仅因为褶皱而被清洗。频繁洗涤不仅增加了水电成本，更对环境产生了负担。"Day 2"提供了一种高效替代方案，既减少了洗涤次数，也顺应了人们对环保产品的期待。

 凯西姐说

联合利华的"Day 2"干洗喷剂聚焦了一个不起眼的小场景，却撬动了洗衣习惯的大变革。值得注意的是，这种创新背后体现了品牌对消费者行为的深度洞察，以及对可持续发展趋势的敏锐把握。对任何品牌来说，与消费者的价值观同频共振，并找到细微但高频的使用场景，是打造差异化竞争力的关键。

思考一下

在你的行业中,如何从"微小但高频"的痛点中挖掘出更大的创新机会?

案例 23
TOMS

让买鞋这件小事，成为善意的延展

许多消费者在购物时渴望"有意义的选择"——既希望商品实用，又期待消费行为能传递价值。但现实中，慈善品牌往往面临信任难题：消费者担心善款流向不透明，或捐赠效果难以感知。如何让每一笔消费真正转化为可衡量的善意？

TOMS 用"消费即公益"的创新模式回应了这一需求。2006~2019 年间，品牌以标志性的"买一捐一"核心销售模式，让每一次购买不仅成为对自己的投资，更成为对他人的帮助。你在 TOMS 购物后，鞋盒上的文字清晰传达了 TOMS "买一捐一"模式的使命：每购买一双鞋，就有一双新鞋被捐赠给有需要的孩子，用户并不需要为此付出额外的费用。

打开鞋盒，盒盖背面的贴纸详细列出了五种参与方式，鼓励你进一步支持 TOMS 的慈善事业。无论是通过社交媒体分享你的善行故事，还是参与 TOMS 组织的活动，你都能找到属于自己的方式，为更多人带去希望和帮助。

TOMS 通过精心设计的开箱体验，让你在购买的瞬间就成为善行的一部分。社交媒体上的"开箱"分享，进一步增强了社区的互动和品牌的影响力。

 凯西姐说

TOMS 成功将品牌故事融入用户体验，通过"买一捐一"的创新模式和贴心的全流程设计，不仅提供优质的服务体验和产品，更是让每一位消费者都成为善行的一部分。真正的好服务，不仅在于满足用户需求，更在于通过细腻的设计和真诚的关怀，传递出品牌的价值观和使命感。

思考一下

在你与用户的互动中,是否可以通过设计一些细节来表达品牌的诚意,增强品牌的可信度?

案例 24
极飞科技
无人机服务进农田,打药如打车般便捷

在传统农业中,低效的人工操作和资源浪费问题长期困扰着农民。有没有一种方法,既能提升生产效率,又能节约资源,让农业变得更智慧化?

极飞科技通过创新的农业无人机技术,给出了答案。这些无人机的作业效率是人工的40~60倍,并且大幅减少农药和水的使用,节省幅度分别高达50%和90%。但一台价值数万元的无人机对很多农民来说负担不小,如何让这项技术真正落地?

极飞科技推出了创新的"滴滴打药"服务模式。农民无须购买昂贵的设备,只需通过平台预约专业飞手,就能享受到无人机喷洒服务。此外,极飞科技建立了完整的生态系统,包括田地测绘、飞手培训等环节,确保技术与服务流畅衔接。通过整合人工智能与专业服务,极飞科技有效降低了技术普及的门槛,让更多农民以低成本享受高科技带来的便利。

 凯西姐说

极飞科技的无人机服务模式,是技术创新与场景落地的完美结合。它不仅高效解决了传统农业的痛点,还通过共享经济模式化解了用户对高昂设备成本的担忧。对企业而言,技术的价值不只是研发产品,更在于如何通过巧妙的商业模式,真正将技术普及到用户手中,从而创造多方共赢的局面。

思考一下

在你的行业中，如何通过服务模式创新，将一次性购买转化为可持续的服务收入，同时让用户轻松上手？

案例 25

江南布衣

精心布局深度会员体系，半年吸金 5.7 亿元

在市场激烈的竞争中，如何抓住消费者的心？江南布衣通过精心设计的会员服务，以个性化体验和优质服务，成功在竞争中脱颖而出。

江南布衣推出了 BOX+ 不止盒子会员服务，用户仅需 199 元或 3888 积分，即可享受一年 6 次"先试后买"服务。会员通过"盲盒"的形式收到品牌根据其标签推荐的精选衣物搭配，包括 3~5 套当季主推或预测爆款单品。用户可以在家自由试穿，合适的单品留下，不合适的可无忧退回，往返运费由品牌承担。这种服务模式既降低了消费者购买决策的心理负担，又增加了购物的趣味性和期待感。

通过会员标签与精准推送，江南布衣进一步深化其与消费者的连接，不仅提高了会员满意度，还提升了品牌的复购率与用户黏性。半年内，这一会员体系辅助品牌创造了 5.7 亿元的销售额，展现了深度会员体系的强大潜力。

 凯西姐说

江南布衣的深度会员体系，是将"精准洞察消费者喜好"与"降低购买门槛"有机结合的一次成功尝试。相比传统的"被动式营销"，这一模式让用户在享受服务时，本身也成为品牌价值的"共创者"。

思考一下

在你的行业中,如何将"个性化推荐"与"无忧体验"融合到自身的会员体系中?

案例 26

万科

知道用户卡在哪儿，"小白"也能变专家

验房既是地产与物业交接的重要环节，也是购房者从漫长等待期过渡到实际收房的情绪高潮点。

验房对许多购房者来说是一件头疼的事：想确认房屋质量，又不知道从哪入手。网上的验房教程看似全面，却复杂难懂；找专业验房师，又担心交智商税。

万科精准捕捉到了用户在这个环节的焦虑，推出《交付验房指引》，这份指引公开了内部产品要求和验收核心要点，将复杂的验房流程化繁为简，让购房者轻松掌握验房的关键。

有了这份指引，哪怕是验房小白，也能在交房当天像专业验房师一样，从容完成验房。此外，万科还贴心地提供验房工具，并安排专业人员全程指导，真正做到"零经验上手"，保障用户权益。

 凯西姐说

万科的验房指引把复杂的专业问题简单化，将焦虑转化为清晰的行动步骤，为用户提供了实实在在的帮助。这种"赋权式服务"不仅加大了用户的主动权，还展示了品牌的自信与责任感。

思考一下

你的服务如何通过提供清晰的工具和指导，帮助用户轻松完成任务？

案例 27

饿了么

无障碍沟通平台，助力听障骑手融入职场

你是否曾遇到过外卖配送员不打电话只发短信的情况，甚至因此产生过一些小困扰？他们其实是一群特别的外卖配送员——无声骑手。中国约有 10 万名听障外卖配送员，由于无法通过电话与顾客交流，他们在日常工作中面临不少困难与挑战。

为此，饿了么在旗下的蜂鸟众包 App 中推出了多项无障碍设计。当订单由无声骑手配送时，系统会自动向用户提醒骑手的听障身份，并提示用户联系骑手时发短信而不是打电话。与此同时，无声骑手可以通过专属的无障碍沟通系统，与商户或用户进行沟通。比如无声骑手可一键拨打用户电话，用户接听后系统将播放提醒取餐的录音。

此外，饿了么针对听障店员在外卖接单中无法及时获取订单提醒的痛点，研发了无障碍接单智能硬件"闪接宝"。该设备通过闪光、震动的提醒方式，帮助听障店员及时处理订单，提升餐厅的线上运营效率。

这些看似简单的技术手段，精准地解决了无声骑手与顾客之间的沟通难题，为每一次配送注入了尊重与理解，带来直抵人心的温暖，设计的温度在此刻尽显无疑。

 凯西姐说

创新未必需要大刀阔斧的改变，从一个小小的沟通场景入手，饿了么解决了外卖流程中至关重要的递交环节的障碍。这一案例展现了服务设计的力量：以人性化为核心，用技术增强服务的包容性。每一次让服务更加流畅的微小改进，都能提升品牌温度和社会责任感。

思考一下

你的行业如何通过设计更贴心的服务，为需要特别关注的群体带来更好的体验？

案例 28

宜家

无文字说明书，冲破语言障碍，通行全世界

想象一下，你在一个陌生的国家购买了一件家具，回到家却发现说明书满篇是看不懂的文字。即使只是拼接一个简易的书架，也可能变成令人抓狂的挑战。而宜家的顾客从未有过这样的烦恼，因为宜家的产品说明书几乎没有文字，仅通过直观的图示就能清晰传递信息。

宜家的无文字说明书用图示和符号代替文字说明，大幅降低了用户的理解门槛。无论消费者来自哪里、说何种语言，都可以通过简单易懂的视觉化表达快速上手。这一设计不仅解决了因语言不通导致的理解困扰，还让说明书成为一种全球通用的"无声语言"。

对品牌来说，无文字说明书的优势远不止用户体验的提升。宜家省去了翻译和本土化的高额成本，加速了新产品的上市流程；同时，减少大篇幅文字内容也降低了纸张消耗，为环保注入了实实在在的行动力。这种设计既提升了品牌在全球市场中的运营效率，也强化了可持续发展的品牌形象。

 凯西姐说

这种删减文字的做法其实是对信息传递方式的一次重构。宜家通过视觉化表达，把原本复杂的组装流程转变成人人可看懂的"视觉语言"，不仅突破了文化与语言的障碍，也彰显了对用户使用场景的深度洞察。无论是为了减少语言障碍，还是为了简化流程、精简资源，这都是一个值得借鉴的标杆。

> 思考一下

如果你的服务面临跨文化、跨语言的使用场景，如何通过普遍性的设计来降低理解成本并提升服务效率？

案例 29

DogHouse酒店

沉浸式精酿体验，让你从睁眼喝到闭眼

你清晨醒来，便嗅到空气中弥漫着啤酒香气，随手就能倒上一杯新鲜的精酿啤酒——这不是梦，而是 DogHouse 酒店为啤酒爱好者打造的日常生活。在这里，精酿啤酒不只是饮品，更是一种全方位的沉浸式体验。

位于美国哥伦布市的 DogHouse 酒店是全球首家啤酒主题酒店，是精酿品牌 BrewDog 旗下的特色酒店。它的每个房间都配备迷你酒吧、BrewDog 啤酒水龙头和专属啤酒冰箱，就连在淋浴间里都可以畅享冰镇啤酒，可以随时享用新鲜的精酿啤酒。推开窗看到的景色，便是啤酒厂，住客甚至能观看酿酒师的工作过程，感受从原料到成品的奇妙旅程。

除了住宿体验，BrewDog 还在酒店内设置了一个近 600 平方米的互动式啤酒博物馆，住客可以沉浸式了解精酿啤酒的历史和酿造工艺，每一位啤酒爱好者都能在这里找到属于自己的啤酒故事。

更有意思的是，酒店并非完全由公司出资，而是通过粉丝筹捐建成的。自 2009 年起，BrewDog 通过募捐筹集了 1900 万英镑，让粉丝成为品牌发展的一部分。参与募捐的粉丝不仅拥有优先订房权，还感到自己真正融入了品牌的成长旅程。这种独特的参与感让粉丝们与品牌之间建立了更加深厚的情感联结。

 凯西姐说

DogHouse 酒店看到了其他商家没有注意到的东西——啤酒爱好者的深度需求，通过将啤酒与酒店住宿、博物馆互动等元素相结合，成功打造了一种不可复制的品牌体验。而粉丝募捐的创新模式，更将"用户"转变为"参与者"，增强了品牌忠诚度和归属感。这种基于深度互动的品牌策略，为其他行业探索用户共创模式提供了宝贵的借鉴。

思考一下

在你的行业中,如何通过与用户的深度互动,创造出独特的品牌体验,增强用户的归属感和忠诚度?

案例 30

Warby Parker

线上线下无缝衔接，重塑眼镜购物体验

挑选眼镜，对许多人尤其是选择困难症患者来说，是一件挑战十足的事情。镜框种类繁多，难以快速挑选到符合自己脸型、风格和舒适度要求的款式，同时又担心价格不合理，怕买到不值的产品……美国眼镜品牌 Warby Parker 深刻理解到这种选择困难，并以此为契机，重塑了从线上到线下无缝衔接的眼镜购物体验。

你只需在 Warby Parker 的网站上传一张自拍，便能虚拟试戴各种眼镜，仿佛有位贴心的时尚顾问在为你量身定制。更贴心的是，你还可以申请免费在家试戴五副眼镜长达 5 天，真正体验每一款的舒适度与风格，再决定是否购买。这种"试后再买"的方式消除了购物压力，大大提升了消费者的满意度和信任感。

尽管线上体验便捷高效，Warby Parker 仍注重线下的互动。当你走进实体店，友好且专业的顾问会耐心协助你试戴更多款式，解答你的疑问。温馨的店内环境和细致的服务，使整个购物过程充满了品牌的诚意与关怀。

 凯西姐说

真正的好服务是从用户的痛点出发，结合创新与细节，创造令人难忘的体验。Warby Parker 精准捕捉消费者的需求，用线上便捷体验与线下互动的完美结合，将眼镜购物变成了一次轻松愉快的旅程。对任何零售行业来说，这种将数字化便利性与人性化服务相融合的模式都极具借鉴意义。

思考一下

在数字化时代,你如何确保将线上服务与线下体验无缝衔接,以满足不同消费者的多样化需求?

案例 31

林里

一杯茶一只鸭，"丑鸭"文化搅热茶饮市场

　　LINLEE 林里·手打柠檬茶，通过赠送小鸭子玩偶这一独特方式，成功在茶饮界掀起了一场热潮。起初，林里创始人王敬源只是希望通过赠送小鸭子玩偶来缓解客人因长时间等待而产生的烦躁情绪。然而，这一无心之举却意外地让小鸭子成了品牌的标志性元素。

　　林里的服务亮点在于其创意营销策略。每当顾客购买一杯茶饮，都会获赠一只憨态可掬的小鸭子。林里一开始送出的是最经典的黄色小鸭子，后来，林里的小鸭子逐渐变得"丑萌"，比如推出了各种颜色的小鸭子，可以组成流行的多巴胺配色；又比如通过草帽、乐器等配饰和小鸭子玩偶组成了更多搭配，消费者为了集齐拿着不同乐器的小鸭子玩偶，要频繁地光顾门店。这些小鸭子引发了全网的热烈反响，甚至有人为了集齐特定款式的小鸭子而频繁光顾门店。

　　此外，消费者对小鸭子的热情也会延续到更多周边产品上。以林里曾推出的鸭子水枪和鸭鸭洞洞鞋为例，前者在上线当天就为门店带来了 50% 左右的营销增长，而售价 48.8 元的鸭鸭洞洞鞋在上线前三天更是收到了超 30 万双的预订量。

 凯西姐说

　　这些造型鲜明的小鸭子无论是被消费者放在家里还是工位上，都能起到高频露出的效果，从而加深林里在消费者心中的品牌印象，有助于实现从流量到产品销量，再到流量的良性循环。对品牌的加盟商而言，小鸭子这种 IP 不需要额外的教育成本且造价可控，它们送得起，也愿意送。

思考一下

在如今这个注意力碎片化的时代，如何持续吸引消费者的注意力，从而让消费者保持新鲜感？

案例 32

人民药房

"快慢分流"新动线设计，购药体验全面升级

去药店买药时，看着一排排整齐罗列的药品，你有没有感到过无所适从，不仅难以快速找到所需药品，还可能因排队结账而倍感焦虑。

芬兰最大的连锁药店之一人民药房（YTA），正以全新的健康服务模式改变着这一现状，重新定义药店的角色，使其从单纯的药品销售转型为全面健康管理的场所。

人民药房以"顾客需求"为核心。通过广泛收集反馈，人民药房测试了新的动线和工作台设计，以确保员工能更高效地服务顾客，同时提升工作认同感。人民药房还提供个性化的健康指导、教育活动和咨询服务，为顾客带来增值体验。全新的内部设计让购物环境更加舒适与便捷，使顾客不仅能轻松购买所需药品，还能获得专业的健康咨询服务。

为了优化顾客体验，人民药房采用了分类服务的创新模式，分别设置"快速结账"和"常规咨询"通道，满足不同顾客的需求。这种设计既减少了排队时间，也为需要深度健康咨询的顾客提供了更贴心的服务。丰富的健康教育活动和个性化服务在增强顾客健康意识的同时为药店创造了额外的收入来源，使其在竞争激烈的市场中脱颖而出。

 凯西姐说

药店从事着面对所有人的业务，而人民药房通过区分"快用户"和"慢用户"两类不同需求的人群，在动线和购买体验上进行分层设计，使原本受彼此影响而不能充分满足购物需求的两类人群体验都得以提升，并以此获得相应的业务增长。一个业务如果想着要满足"所有人"，首先要看清有"哪些人"。

> **思考一下**

你的服务如何通过重新划分用户群体、优化流程和创新服务,提升用户体验或实现商业价值的增长?

案例 **33**
Oma's Pop-Up

用食物搭起两代人的桥梁，让独居老人不再孤独

随着全球老龄化的加剧，独居老人的数量持续上升。对很多独居老人来说，物质上的无忧并不能弥补情感上的孤独。他们真正渴望的，是一份陪伴和被需要的感觉。

在荷兰，一家名为 Oma's Pop-Up 的餐厅，温暖了许多孤单的心，也用食物连接了两代人。在这里，从大厨到服务员全是银发老人，他们在厨房里一边搓肉丸，一边唠家常，在娴熟的烹饪技巧与伙伴的陪伴中找回久违的成就感和欢笑。

Oma's Pop-Up 不仅仅是一家餐厅，更是一种代际交流的温暖尝试。餐厅还为老人们开设烹饪课程和工作坊，帮助他们在学习中重新融入社会。年轻志愿者也积极参与，和老人们一起准备食材，聊生活点滴。这种跨越年龄的互动，让老人与社会的联系更加紧密。

 凯西姐说

通过将商业与社会价值相结合，Oma's Pop-Up 成功激发了人与人之间的深度情感互动。这一附加价值即使是米其林级别的餐厅，可能也并不具备。如果你的业务只关注功能需求的满足，那么永远只能打价格战，情感连接才是建立差异化价值的关键。

思考一下

在设计社会项目时,如何同时实现商业目标与社会价值?

案例 **34**

Freitag

货运自行车租赁服务，重新定义城市生活

在快节奏的城市生活中，出行往往成为头号难题。尤其是去超市采购大包小包的食材，或者要搬几大箱水果和酒回家，很多人可能会选择打车或者叫货拉拉，这样要花不少钱，也不够环保。

倡导可持续理念的瑞士环保时尚品牌 Freitag 针对这一需求，推出了货运自行车租赁服务，为城市居民提供了一种环保、经济且高效的运输方式。这些货运自行车不仅设计稳固、骑行舒适，还能轻松应对狭窄的街道和城市中的复杂路况。无论是搬运重物还是长距离骑行，都能让使用者感受到便捷与贴心。每一次骑行，不仅是完成一次运输任务，更是参与一次绿色出行。

Freitag 的服务设计细致入微，打破了传统出行方式的局限，让更多人体验到绿色出行的乐趣。Freitag 将品牌理念融入服务的每一个环节，从自行车的设计到使用体验，再到官网的透明信息，处处体现对用户需求的关怀和对环境保护的承诺。这种全方位的践行，不仅提升了用户的忠诚度，也树立了品牌在环保领域的公信力。

 凯西姐说

Freitag 的货运自行车租赁服务是"细分市场大有可为"的典型案例。看似固化的场景中，总有未被满足的需求等待被发掘。Freitag 找到了短途运输与环保出行的交集，并通过精细化设计切入用户生活。其实，业务场景可以被无限细分，而每一个细分点都蕴藏着潜在的机会。

思考一下

你如何将品牌理念融入服务细节,建立透明和诚实的品牌形象,赢得用户的信任?

案例 35

詹姆斯酒店
墨镜租赁服务带来便利体验

住酒店时，你会期望得到什么样的服务？或许是一顿丰盛的早餐，抑或是免费的泳池和健身房。但，仅此而已吗？比如，当你在屋顶酒吧或室外泳池边，想要拍一些美照发布在社交平台，却发现没有合适的配饰时，会不会有点苦恼？

针对这个说大不大，但确实会影响到体验的问题，位于美国纽约市的詹姆斯酒店曾推出过墨镜租赁服务，住客可以通过前台轻松租赁或者购买各种墨镜。这样一来，住客每天在屋顶酒吧或者室外泳池"凹造型"的时候，就不用再担心只有一副墨镜太单调了。

这项墨镜租赁服务不仅为住客带来了便利，还体现了酒店对细节的高度关注，更传递了品牌的时尚品位和独特魅力。这种关怀，让客人感到宾至如归，细致入微。

其实，詹姆斯酒店的这项墨镜租赁服务并不以赢利为目的，更多是为了满足客人的实际需求。它不仅超越了传统酒店服务的框架，还通过细致的设计和周到的策划，为客人创造了超预期的体验。

 凯西姐说

在豪华酒店行业，跨界合作正逐渐成为潮流。越来越多的酒店开始与时尚品牌携手，推动服务创新。从物业服务到高端服务的深度融合，这一创新模式不仅为时尚品牌创造了新的商机，也让酒店在竞争激烈的市场中脱颖而出。

思考一下

在你的行业中，能否通过跨界合作挖掘新的服务机会，塑造差异化竞争力？

案例 **36**

ROG（玩家国度）
信仰加持，开机仪式点燃电竞激情

对电竞玩家来说，电竞设备的门店不仅是购物场所，更是通往电竞世界的大门。哪怕亲手触摸到电竞冠军同款设备，或与朋友们一同观看激动人心的比赛直播，都是一种不可言喻的荣耀体验。然而，传统的零售店缺乏个性化的服务和仪式感，无法承载玩家对电竞梦想的热忱。

ROG 是华硕旗下的电竞品牌，深刻理解电竞玩家的情感需求。当玩家购买 ROG 电竞设备后，服务并不止于交付商品，ROG 特别为玩家们设计了专属的开机"加冕仪式"，赋予他们一种属于自己的荣耀时刻——"信仰之眼"的点亮时刻。就像很多人梦想中的第一辆车或房子，拥有它们的那一刻总是值得被见证和庆祝。

在 ROG 门店，当玩家终于拿到期待已久的设备时，工作人员会提供贴心的"保姆级"服务，戴着手套为玩家安装设备，并专门留出一个环节，让玩家亲自按下开机键，点亮那颗象征信仰的"信仰之眼"，从这一刻起，玩家成为设备的真正"主人"。

但仪式还远没有结束。当玩家准备离开时，工作人员不仅精心包装设备，还为玩家准备了一辆定制的越野推车，用以承载他们心爱的设备。推车上系着巨大的蝴蝶结，工作人员会邀请玩家与这辆特别的推车合影留念，完美的合影瞬间成为朋友圈的焦点。

 凯西姐说

ROG 通过注重用户的情感需求和社交认同需要，打破了传统门店服务的局限，让"信仰感"成为品牌的重要特色，品牌与用户的关系不再仅仅是交易关系，更是深刻的情感认同，创造真正难忘的品牌体验。

思考一下

在你的行业中,门店如何为用户提供独特的价值体验,深化品牌与用户的关系?

案例 **37**

茶颜悦色

拆分排队流程，改善排队体验

如今越来越多的网红奶茶店要排长队，长时间的等待不仅让顾客焦虑，还可能给门店运营带来压力，同时影响顾客对品牌的整体印象。茶颜悦色的排队现象就非常典型，哪怕是一条街有三家分店，每家店还是会排起长长的队伍。为了提升顾客体验并缓解门店压力，茶颜悦色拆分了排队流程，分阶段管理等待过程。

首先是预排队环节，顾客可以通过线上平台预约拿到排队号码，减少到店后的实际等待时间。其次，到店后，工作人员会核对预约信息并告知等待时间，顾客可选择在店内等候或先去附近逛逛，临近制作时再回来，避免长时间站立等待。为避免门店内拥挤，茶颜悦色还设置了分流等待区，同时提供趣味活动如折纸小游戏，帮助顾客分散注意力。最后，取餐区通过语音提示通知顾客到指定柜台取餐，避免顾客集中在一个区域。

排队流程的拆分，不仅有效减轻了顾客的等待压力，还提升了门店的运营效率。通过结合线上线下体验，茶颜悦色不仅增强了顾客对品牌的忠诚度，还通过数字化手段和流程优化，为其他品牌应对高客流提供了宝贵经验。

 凯西姐说

排队是许多服务中不可避免的痛点，当无法消除等待时，我们可以通过转移顾客的注意力来减轻其焦虑感。茶颜悦色通过拆分排队流程，巧妙地解决了这一问题，同时提升了门店的运营效率。

> 思考一下

在你的行业中，能通过哪些方式转移用户注意力或分流用户以解决排队的痛点，从而提升顾客体验并提高整体服务效率？

案例 **38**

胖东来

让顾客的建议，一天就变成行动

很多人在购物后遇到问题时，常常找不到有效的解决路径，投诉通道形同虚设。推来推去，问题始终没有解决，甚至得不到回应，更别提得到实际的帮助了。

但在胖东来，这种情况得到了有效的改善。胖东来在每个出入口都设立了一个"用户建议区"，并且配备了最新款的 iPad，顾客可以随时通过这些设备反馈自己的需求或问题。这样，顾客的每一条建议都能被准确记录并迅速得到处理。曾有一位环保主义者提出建议：店员在提供塑料袋时，可以不必那么主动。没想到，仅仅一天后，胖东来就根据这一建议做出了调整，并且及时反馈给了这位环保主义者。

这种迅速的响应能让顾客感受到自己意见的价值，顾客不再只是服务接受者，而是参与者和改进者，从而增强了他们与品牌的情感连接。

 凯西姐说

零售企业要提升服务质量，建立有效的用户反馈机制至关重要。而良好的反馈机制背后必须要有一个高效的闭环管理系统。品牌不仅要快速响应，还要确保每一条反馈都能得到充分的处理、跟踪与优化，形成"反馈—响应—优化"的完美闭环。

> 思考一下

除了快速响应,如何构建高效的闭环管理系统,提升用户体验并增强用户对品牌的忠诚度?

案例 39

海尔Leader
从听用户的"劝",到与用户共创

在服务经济时代,产品从来不是"卖完就结束交易"的实体,而是连接用户、传递价值、承载文化的服务入口。Leader 作为海尔面向年轻人的子品牌,正通过新产品一体三筒洗衣机,对"产品即服务"做出新的解释。

2025 年 3 月,一位用户在海尔社交媒体账号下留言:能不能造个能同时洗内衣、袜子、鞋子、外套的懒人洗衣机?没想到,这条评论成了开启一场创新的钥匙。海尔 CEO 周云杰对此亲自回应,让社交媒体变成了"用户许愿池"。海尔第一时间捕捉反馈、组建团队、敏捷开发,在短时间内就官宣了行业首创的"一体三筒洗衣机":一个大筒用于洗日常衣物,两个小筒分别用于洗内衣和袜子,让"专筒专洗"成为人人可得的日常体验。

这不是简单的功能升级,而是一种服务哲学——不是让用户迁就产品,而是让产品回应用户。Leader 把用户视为共创伙伴,在首批交付中邀请不同生活状态的用户体验产品、提出建议,让"0 手洗"的设想真正从评论区走进现实生活。

 凯西姐说

从用户的一句话,到产品的快速落地,这一切并不是偶然,而是海尔作为"用户共创型企业"的真实写照。我们曾与海尔团队深度合作,亲眼见证他们对"以最高的效率,交付最好的体验,留住更多的用户"的坚守。从洞察用户需求,到在社交媒体公开"听劝"——这不只是在做产品,更是在经营信任。这种听得见、做得快、改得动的能力,是把情绪价值转化为市场价值的关键武器。与用户共创的产品,才能真正走进用户心里。

> 思考一下

你是否忽略了那些看似"随口一说"的用户反馈?也许它们正是你下一个创新产品的起点。

案例 **40**

闲鱼

AI 小帮手，让个人卖家"轻松上阵"

在二手交易市场，买家担心"踩坑"，卖家焦虑"没销量"。尤其是个人卖家，常常面临与职业卖家的激烈竞争，认为自己难以立足。而这一切的根源，往往是买卖双方缺乏信任和低效的交易流程。

为了解决信任问题，闲鱼 App 推出了"鱼力值"信用体系，让买卖双方的信用评分一目了然，有效减少了交易中的不信任与纠纷。通过这一体系，买家可以更加放心地进行交易，卖家也能够积累信誉，建立信任。

在优化交易流程方面，闲鱼 App 采用了 AI 技术，推出了"智能发布"和"智能托管"两项服务，极大提高了交易效率。

"智能发布"帮助用户在发布商品时自动生成符合闲鱼 App 风格的商品描述，用户只需上传一张图片，AI 便能根据商品特点生成文字描述，免去了烦琐的编辑过程。而"智能托管"则为忙于其他事务的卖家提供全天候的智能管理服务，包括自动回复买家信息、动态调价、及时发货提醒等。

这两项 AI 服务共同作用，高效打理从商品发布、沟通到定价的整个交易流程，不仅节省了时间，还避免了信息错误或遗漏。

 凯西姐说

这些创新的服务大大提升了个人卖家在闲鱼 App 上发布和出售闲置物品的信心与能力。很多个人卖家最关注的就是快速完成交易，回笼资金。而从平台的角度来看，闲鱼 App 利用大数据和 AI 技术优化了交易链条，减少了买卖双方的摩擦，使交易变得更加顺畅。

思考一下

如何通过智能化辅助或流程创新，提升用户体验，实现"高效无感"的服务？

案例 **41**

脑白金

跨界"养生咖啡"撩动年轻人

说到脑白金，大家第一时间可能会想到那句耳熟能详的广告词，以及它作为"送礼佳品"的经典形象。这个曾经的保健品巨头，如今正在进行一场大胆的品牌转型——进军咖啡领域，带来了"养生咖啡"的新玩法。

脑白金的"咖啡实验室"精选全球优质咖啡豆，并与旗下养生产品（如人参黄芪饮和益生菌）进行巧妙结合，你能想象吗？脑白金咖啡实验室推出了"人生美事（人参美式）"和"一生俊（益生菌拿铁）"等独特创新的饮品，为消费者带来既提神又健康的全新体验。

当然，光有好咖啡可不够，脑白金还开设了实体咖啡店和快闪店，通过潮流的方式讲述"养生"新故事。无论你是咖啡爱好者，还是注重健康的年轻人，脑白金都希望用这种独特的咖啡文化，拉近自己和Z世代的距离。结果非常成功，这一系列举措吸引了大量年轻消费者，不仅成功拓展了新的消费群体，也让品牌形象焕然一新。

 凯西姐说

跨界并不是瞎折腾，而是品牌与新领域深度融合的智慧之举。脑白金通过把"养生"这一核心价值巧妙地融入年轻人热衷的咖啡文化，让品牌不仅创新了产品，也重新焕发了活力。它不仅仅是卖咖啡，更是在讲述一个关于品牌转型的精彩故事。

思考一下

如何将品牌巧妙地嵌入到用户喜爱的场景或消费习惯中,让"旧品牌"讲出"新故事"?

案例 42

优衣库

从糟心到"丝滑",自助结账让你爱上买单

你有没有过这种体验:站在超市或商场的自助结账区给购买的商品一件件扫码,结果系统突然出错了,甚至因漏扫了商品而被店家误会,原本用来提高效率的自助结账,结果却成了麻烦的源头。

优衣库可不一样,其自助结账无比丝滑。用户不再需要一件件扫码,只需按照屏幕指示,把所有衣物一次性丢进结账框,机器瞬间即可完成识别、计算、生成账单,整个过程像被按下了"快进键"。确认商品和价格无误后,用户点击支付,拿走小票,一气呵成。

为什么优衣库的自助结账体验能做到这么流畅?因为它在每件商品上都嵌入了 RFID 标签,将商品变成了"活数据",系统能实时掌握商品的状态,完全不需要人工追踪或寻找,避免了重复劳动和出错的可能。

数据显示,自这套系统上线以来,用户结账等待时间缩短了 50%,而且越来越多的人喜欢这种方式,70% 的用户偏爱这一模式,部分地区甚至高达 90%。

 凯西姐说

传统的自助结账模式,其实是让用户承担了本该由员工完成的重复劳动,导致体验感下滑。优衣库打破了这一固有模式,用技术打造了一种"零打扰、零失误"的流畅体验。这种体验不仅提升了用户满意度,还能节省大量的人工成本。

思考一下

如何优化容易出现错误或让用户感到不耐烦的环节,从而让用户感到"畅通无阻、几近零打扰"?

案例 **43**

多邻国

用游戏"骗"你上进，语言学习也能"上瘾"

学习语言是一个耗时、枯燥的过程，尤其在快节奏的生活里，想每天抽出时间坚持更是难上加难。

初次打开多邻国App，你或许会以为误入了一个游戏世界。从界面到学习方式，全都融入游戏元素：课程被拆解为一个个阶段，每个阶段再分为多个小单元。每完成一道题，屏幕就会跳出"太棒了！""泰裤辣！"的实时鼓励，让人忍不住点击"继续"按钮。如果连续答对更多题目，还有炫酷的奖励动画，牢牢吸引你的注意力。

完成每个单元的学习后，你会获得"宝石"和"红心"作为奖励，"宝石"可以兑换各种道具，激励你持续学习。排行榜机制更是点燃人性中的胜负欲，让你在学习中既"闯关"又"冲榜"。

如果一段时间不学习，多邻国的吉祥物小绿鸟"多儿"会通过推送通知和App图标变化来"劝学"——从微笑提醒逐渐变为撒娇、生气甚至"绝望"的表情。

多邻国App的成功不仅体现在让用户"上瘾"，更表现为其惊人的增长数据：2020年，用户累计下载量超过5亿次；2023年度总营收高达5.31亿美元；截至2024年Q2，月活用户超1亿人、付费订阅者达到800万人、连续5个季度持续盈利。

 凯西姐说

学习其实是反人性的，但多邻国App通过游戏化的设计，把漫长的学习过程拆解成一个个容易完成的小目标，配合即时反馈与奖励机制，让用户持续获得正向激励，"骗"他们爱上学习。这种"欺骗性上瘾"设计，不仅帮助用户完成学习目标，更让他们与产品建立起强大的情感连接。

> 思考一下

你如何设计激励机制，让服务流程变得更有趣、更轻松，让用户形成长期的情感依赖？

案例 44

美国航空

轮椅"门到门"无缝体验,赶飞机不再有压力

赶飞机,最怕的就是时间紧、线路绕,尤其是在大型机场,寻找登机口经常让人焦头烂额;对行动不便的旅客来说,这种压力更是成倍增加。为了解决这一痛点,美国航空联合日本创新科技公司 Whill 推出了自动驾驶电动轮椅服务,让赶飞机从"挑战"变成"享受"。

通过简单的操作,旅客在过安检后前往指定等待点,工作人员会协助旅客安置行李,并引导旅客乘坐电动轮椅。只需选择登机口,轮椅便自动根据预设的路线前行,无须额外操控。遇到前方有行人或障碍物时,轮椅会发出"叮"声提示行人,并根据情况自动减速或绕行,确保行程安全顺畅。到达登机口后,工作人员会协助旅客完成最后的登机流程,而轮椅会自动返回起点,为下一位旅客服务。

这一服务为行动不便的旅客提供了"门到门"的无缝体验,不仅缓解了旅客的登机压力,还帮助机场提升了服务效率,减少了人力需求。科技与人性化服务的结合,使旅程都更高效、更温暖。

 凯西姐说

智能化只是手段,"关怀"才是核心。智能化升级不应让旅客觉得被机器支配,而应帮助他们掌控并享受整个出行过程。任何前沿技术的引入,都需要与运营模式和用户体验相结合,才能真正兼顾效率和温度。在服务的过程中,用科技来做"底层赋能",工作人员做"温暖补位",形成协同效应。

> 思考一下

人工服务与自动化服务之间,如何做到既保留温度,又不影响效率?

案例 **45**
Catit

全方位专业指导，美食餐厅教你"出片"

在这个"手机先吃"的时代，很多人在意的已经不再是食物本身，而是一张点燃社交平台的美食大片。餐厅的光线对不对？角度好不好？能不能出片？这些问题往往让摄影小白头疼不已。

以色列高级餐厅 Catit 专门推出了方便顾客拍照的菜肴，每道菜品的餐盘都设计了手机插槽，只需要把手机放在里面，就能轻松得到最佳拍摄角度。更有专业摄影师不定期进行指导，从光线调整到取景技巧，手把手带你完成"大片"创作。即使不懂任何摄影技巧，也能轻松拍出惊艳朋友圈的美食照片。

大多数餐厅只关注到食物的味道和服务质量，而 Catit 则进一步关注到顾客的社交分享需求，将拍照环节变成了用餐的一部分，找到了一个全新的价值增长点。

每一张顾客精心拍摄的照片，既是对用餐体验的满意表达，也是对品牌的二次传播。这种创新的服务设计，不仅让用餐过程更有趣、更愉快，还为品牌带来了高效的宣传效应。

凯西姐说

Catit 的亮点在于它发现了用餐场景中的一个"隐性需求"——社交分享，并通过贴心的设计将这个需求转化为实际的品牌价值。顾客拍出好照片的成就感，瞬间提升了整体用餐体验，同时，这些"大片"自带宣传效果，为餐厅带来了更多关注和潜在顾客。真正的好服务，不仅锦上添花，更能放大品牌的价值影响力。

思考一下

你的服务如何通过创新设计,让用户体验和品牌传播相辅相成,实现双赢?

案例 46

爱护宁+

让服务"看得见"，每一步都有迹可循

长久以来，医院护工的劳动价值被严重低估，远低于保姆和月嫂，这是因为许多患者家属对医院护工的具体工作内容缺乏了解，尤其是那些不易察觉的隐性服务——比如在患者休息时清洁床位、整理物品。信息的不对称常导致患者家属质疑服务收费过高，甚至误解护工的价值。

为了让每一项服务都能被看到并得到应有的理解，爱护宁+小程序致力于通过线上平台增加护工工作的透明度，消除服务"隐形"的问题。患者和家属可以通过小程序随时查看护工的服务动态、任务进度和反馈情况，并实现有问题随时沟通。无论是每日的护理细节，还是额外提供的服务，他们都可以清楚地了解到护工的每一项服务。

这一设计不仅让护工的工作变得"可见"，也让收费有据可循，减少了误解和争议。在每一个环节中，患者和家属都能切实感受到护工服务的用心，加深对护工的认可与信任。

 凯西姐说

人的控制欲比我们想象得还要惊人，很多人是缺少"安全感"的，尤其在那些消费者无法完全看见的服务场景，信息对称的重要性更为突出。爱护宁+通过让隐性服务变得显性化，将沟通转化为构建信任的桥梁。透明的流程，往往是服务价值最有力的证明。

> 思考一下

在你的行业中，你能通过何种方式让隐性服务变得更加透明，并且被消费者理解？

案例 47
Float For Good
让存款不只是存款，每一分钱都发挥公益价值

传统银行将储户资金的一部分用于盈利，而创新金融项目 Float For Good 让储蓄账户成为"改变世界"的工具。用户无须额外支出，就能帮助全球众多缺乏清洁水资源的家庭改善生活。

在这个项目中，用户存入账户的资金会由非营利组织 Water.org 分配给小额信贷机构，这些机构将资金以小额贷款的形式发放给全球水或卫生资源缺乏地区的家庭，用于安装水龙头和厕所等基础卫生设施。例如，存入 1000 美元即可为 10 个人提供一年的清洁用水。这种透明的运作模式，让每一位用户都能清楚了解，自己的储蓄是如何直接影响水资源匮乏地区的。

用户还可以实时追踪自己所带来的社会影响力：通过动态绿色光环展示清洁水供应天数、加仑数或节省的时间，直观看到社会效益。当存款达到里程碑金额时，系统会在用户界面推送与水资源相关的趣味故事或真实案例，为用户带来充满意义的惊喜。

 凯西姐说

优秀的服务往往能实现双赢，它既能为商家带来价值，也能为用户带来超越金钱的意义。Float For Good 的亮点在于让用户清晰地感受到自己对社会的积极影响，通过透明的成果展示和有趣的设计，进一步放大了用户的价值感知，用户的黏性和忠诚度也随之提升。

思考一下

你的服务如何通过增加透明度与趣味性,赋予用户更多的情感价值和社会责任感?

案例 **48**

大兴机场

简化每一步，让登机体验"零负担"

在机场出行时，你是否因为烦琐的流程而感到疲惫不堪：登机口在排长队，每个环节都要掏出证件或手机，不同流程还需要不同票据，忙得手忙脚乱。

北京大兴机场引入全流程"刷脸"系统，让这些问题迎刃而解。无须身份证或手机二维码，乘客只需"刷脸"，即可通过人脸识别技术完成从值机、托运、安检到登机的全部流程。登机前，大屏幕会精准显示乘客的航班信息，包括航班号、机型、登机口、目的地天气、登机口关闭时间，以及步行所需时间等，信息一目了然。

这个系统消除了频繁验证身份的烦琐过程，避免了身份证丢失或手机操作的麻烦，托运和安检流程也因此更加高效，乘客从到达机场到登机的每一个环节都更加顺畅，旅程轻松从容。

 凯西姐说

传统机场的重复操作和低效流程总让人心累，北京大兴机场抓住了用户对便利和效率的核心需求，通过智慧化设计将出行体验提升到全新高度。优化流程不仅是减负，更是提升用户感受的一种有效路径。让服务更聪明，也让用户更舒心，这才是智慧服务的精髓所在。

思考一下

服务流程中，如何将烦琐步骤优化，以减轻用户负担，提升整体体验？

案例 49

飞利浦 Lumea

降低尝试门槛，打消用户购买顾虑

如今，年轻女性群体中流行脱毛，但由于高昂的设备成本、不确定的效果以及坚持疗程的难度，很少有人会购买设备自己在家脱毛，而是会选择去美容店找人帮自己脱毛。

针对这个痛点，飞利浦 Lumea 脱毛仪通过创新订阅服务，为用户提供一种降低门槛的方式自己在家脱毛。用户可以较低的月费订阅家用脱毛设备，订阅服务包含设备租赁和个性化使用指导。用户可以随时取消订阅，如果满意效果，还可以选择直接购买正在使用的设备。不仅如此，用户还能收到定期的脱毛计划提醒，配合专业的使用指导，轻松完成整个脱毛计划，确保达到最佳效果。

这项服务有效降低了用户的购买门槛，数据显示，订阅服务将用户的决策周期从 6 个月缩短至 1 个月以下。同时，飞利浦通过设备回收、清洁和再利用，大幅降低了对环境的影响，环保效益提升达 40%。

 凯西姐说

高科技产品的高门槛往往会成为用户的绊脚石，而飞利浦通过订阅服务精准破解了这一难题，不仅减轻了用户的经济和心理负担，还用贴心的指导和支持将复杂的美容护理简化为人人可坚持的护肤方案。从"担忧"到"行动"，飞利浦真正让科技服务于人，带来既"自由"又"负担得起"的使用体验。

生活中的服务 | 用CBI模型设计

黄蔚给母亲办画展
贺80大寿

「山止川行·画展体验旅程」

CBI

扫码
「看故事

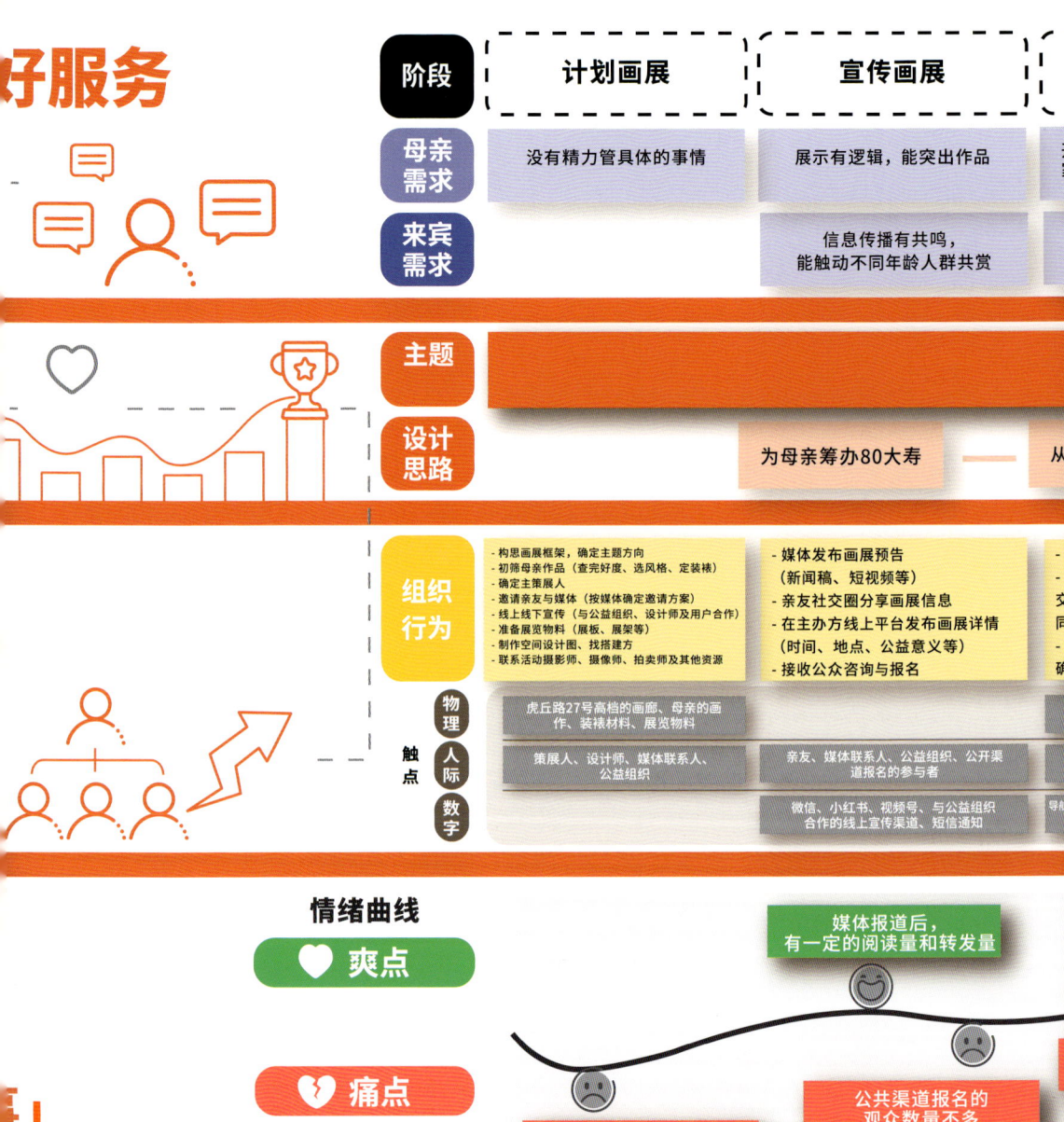

思考一下

如何通过灵活的商业模式,降低用户尝试门槛,鼓励更多人迈出第一步?

案例 50

Musgrave

家长 VIP 时间，解放带娃父母，刷新购物体验

对很多父母而言，带娃逛超市无疑是一个艰巨的任务，一边挑选商品并排队结账，另一边还要盯紧到处乱跑的孩子，场面之混乱足以让人"血压飙升"。爱尔兰超市 Musgrave 敏锐地洞察到这一痛点，推出了"家长 VIP 时间"，重新定义了带娃购物的体验。

为了方便家长快速停车，超市提供了额外的家庭停车位，减少了家长们寻找车位的烦恼。家长如果累了，可以在专门的休息区域小憩一会儿，享用免费水果和咖啡，享受片刻宁静。此外，超市在结账区设置了家长结账区，移除了原本摆放的糖果，避免孩子在排队时因想要糖果而闹情绪。同时，超市还提供打包服务，帮助家长快速整理好购买的商品，以减轻他们的焦虑感。

这一系列设计看似简单，却直击家长在购物过程中的"隐性压力点"。数据显示，家长 VIP 时间推广后，亲子购物群体的消费金额显著增加，品牌在当地市场的好感度也随之提升。

 凯西姐说

这不仅仅是购物体验的优化，更是对用户生活场景的深刻共情。通过贴心的服务，品牌将服务设计转化为实际支持，帮助顾客在高压场景中"卸下包袱"，这才是"以人为本"的最佳诠释。好的服务设计不仅要满足基本需求，还要关注用户的情绪价值，化解潜在压力，创造温暖的体验时刻。

思考一下

在你的服务场景中,如何通过细致的服务设计,让被忽略的情绪价值更温暖、更人性化?

附录

50个启发性思考题

01	如何运用互动，降低用户之间的冲突并提升整体体验？
02	如何用简单、直观的方式传达服务的关键价值，增强用户对品牌的信任？
03	在你的服务中，有哪些简洁、透明的方式可以减少用户的决策焦虑？
04	如何通过改变服务的售卖方式，降低用户的付出感？
05	如何将服务中的隐性等待转化为用户可感知的参与体验？
06	你的服务如何重新定义"问题"，以让用户看到参与的意义，并实现"三赢"？
07	在你的业务中，如何将用户担忧的点转化为与品牌建立信任的关键点？
08	你的服务中是否存在"费时且易错"的环节？如何通过重新设计工具或流程，让复杂操作变得简单直观？
09	你的业务是否能锁定与自己服务调性最契合的目标客群，提供独特的"场景延伸"服务？
10	在你的行业中，如何结合细化服务和互动体验，打破传统界限，创造出新的市场亮点？
11	如何在产品销售的场景中，融入多元化的服务元素，提升顾客参与感？
12	你如何挖掘隐藏需求并将其转化为新的服务方式，为品牌带来新的增长点？
13	你的服务如何应用"主动服务"模式，以便利用户、提升其品牌忠诚度？
14	你的服务场景是否有"传统与现代"交织的关键点？
15	你的服务如何运用个性化定制和循序渐进式引导，帮助用户在最短的时间内获得成就感？

16	对于"移动"或"紧急"的状态,你如何设计出一套快速、无缝的服务流程,让用户"想都不用想就能用"?
17	还有哪些方式可以提升用户的参与感,并进一步加深品牌与用户的情感联系?
18	在你的行业中,新技术如何通过连接不同用户群体(如供需双方)来创造新的价值链?
19	在你的行业中,哪些痛点可以通过生态联动得到解决?
20	如何打破原有的"长期绑定"或"套餐式"销售模式,为用户提供更大的主动权?
21	如果你是设计师,你能否为机场、火车站等候区域的旅客打造"隔离空间",让他们在嘈杂中找到宁静?
22	在你的行业中,如何从"微小但高频"的痛点中挖掘出更大的创新机会?
23	在你与用户的互动中,是否可以通过设计一些细节来表达品牌的诚意,增强品牌的可信度?
24	在你的行业中,如何通过服务模式创新,将一次性购买转化为可持续的服务收入,同时让用户轻松上手?
25	在你的行业中,如何将"个性化推荐"与"无忧体验"融合到自身的会员体系中?
26	你的服务如何通过提供清晰的工具和指导,帮助用户轻松完成任务?
27	你的行业如何通过设计更贴心的服务,为需要特别关注的群体带来更好的体验?
28	如果你的服务面临跨文化、跨语言的使用场景,如何通过普遍性的设计来降低理解成本并提升服务效率?
29	在你的行业中,如何通过与用户的深度互动,创造出独特的品牌体验,增强用户的归属感和忠诚度?
30	在数字化时代,你如何确保将线上服务与线下体验无缝衔接,以满足不同消费者的多样化需求?
31	在如今这个注意力碎片化的时代,如何持续吸引消费者的注意力,从而让消费者保持新鲜感?

32	你的服务如何通过重新划分用户群体、优化流程和创新服务，提升用户体验或实现商业价值的增长？
33	在设计社会项目时，如何同时实现商业目标与社会价值？
34	你如何将品牌理念融入服务细节，建立透明和诚实的品牌形象，赢得用户的信任？
35	在你的行业中，能否通过跨界合作挖掘新的服务机会，塑造差异化竞争力？
36	在你的行业中，门店如何为用户提供独特的价值体验，深化品牌与用户的关系？
37	在你的行业中，能通过哪些方式转移用户注意力或分流用户以解决排队的痛点，从而提升顾客体验并提高整体服务效率？
38	除了快速响应，如何构建高效的闭环管理系统，提升用户体验并增强用户对品牌的忠诚度？
39	你是否忽略了那些看似"随口一说"的用户反馈？也许它们正是你下一次创新产品的起点。
40	如何通过智能化辅助或流程创新，提升用户体验，实现"高效无感"的服务？
41	如何将品牌巧妙地嵌入到用户喜爱的场景或消费习惯中，让"旧品牌"讲出"新故事"？
42	如何优化容易出现错误或让用户感到不耐烦的环节，从而让用户感到"畅通无阻、几近零打扰"？
43	你如何设计激励机制，让服务流程变得更有趣、更轻松，让用户形成长期的情感依赖？
44	人工服务与自动化服务之间，如何做到既保留温度，又不影响效率？
45	你的服务如何通过创新设计，让用户体验和品牌传播相辅相成，实现双赢？
46	在你的行业中，你能通过何种方式让隐性服务变得更加透明，并且被消费者理解？
47	你的服务如何通过增加透明度与趣味性，赋予用户更多的情感价值和社会责任感？

48	服务流程中，如何将烦琐步骤优化，以减轻用户负担，提升整体体验？
49	如何通过灵活的商业模式，降低用户尝试门槛，鼓励更多人迈出第一步？
50	在你的服务场景中，如何通过细致的服务设计，让被忽略的情绪价值更温暖、更人性化？

后　记
一个不是结尾的结尾

我曾经写过一首歌，灵感出自辛弃疾的作品《南乡子·登京口北固亭有怀》。古诗原文如下：

《南乡子·登京口北固亭有怀》

辛弃疾

何处望神州？满眼风光北固楼。

千古兴亡多少事？悠悠。

不尽长江滚滚流。

年少万兜鍪，坐断东南战未休。

天下英雄谁敌手？曹刘。

生子当如孙仲谋。

我写的歌如下：

《桥中》

作词：黄蔚

何处获绩优？满心客户洞察透。

> 自古企业多少事？悠悠。
>
> 不尽创意滚滚流。
>
> 年少青春侯，行业颠覆战未休。
>
> 天下竞争谁敌手？唯偶。
>
> 创新当寻桥中谋。
>
> 商业新秀又？聚焦机遇玩转透。
>
> 神州创业多少投？够够。
>
> 唯有设计迭代后。
>
> 时代潮流露，推动增长实战谋。
>
> 服务设计桥中优？回眸。
>
> 突破引领积淀厚。

这不仅是一个全网发行的词曲作品，更是我对好服务的真情歌颂。在 QQ 音乐、网易云等平台搜"黄蔚"，就可以听到我这首唱功很原始，但内容很原创的歌曲呦。

当下我们置身于一个变幻莫测的时代，商业和服务正在不断颠覆与重塑。

对我而言，好服务早已超越了流程与标准的简单堆砌。它是企业的灵魂，是那份独一无二、无法复制、无法替代的"基因密码"。这份"基因密码"，永远不会随时间的流逝而消失，它是企业文化的灵魂，是企业在竞争中坚守的力量。

"开巴"在商业巨头的怀抱中发生的改变，让我深深地感慨基因的力量，它主宰着一个品牌的兴衰、一项服务的成败。

希望你能通过这本书，理解好服务的背后是企业品牌的核心生命力，所有的创新与突破，都需要在服务基因的引领下稳步推进。希望本书能让你在困境中寻找出路，在瞬息万变的市场环境中，找到属于自己的独特旋律与节奏。也许，你并不会马上找到自己的"好服务"基因，但请相信，随着思考的深入，它会在你内心深处生根发芽，最终变成引领你走向成功的力量。

如果你愿意，一切皆有可能。

欢迎随时找我，我是你服务创新之路上的"凯西姐"，一个懂好服务的歌手，愿与你一起探索、共创更好的服务世界。

黄蔚（凯西姐）

于《好服务》成书之际

致　谢

在《好服务》的创作过程中，我深深感受到团队合作的力量。他们每一位的贡献，都是这本书得以顺利完成的关键。

感谢邹超，她为本书提供了清晰的框架和结构，帮助我厘清了思路。

感谢任唐胤，她对图书的理论模型提供了输入，赋予本书独特的理论深度。

感谢曾颖，她负责统稿工作，确保了全书内容的一致性和流畅性。

感谢李赟，她为本书提供了丰富的服务案例，增强了图书的实践性。

感谢黄钢，他作为内容顾问，给出了许多宝贵的意见，帮助我完善了本书的核心思想。

感谢马长云，他提供了科技部分的支持，特别是 AI 智能体相关的内容。

感谢大家的辛勤付出和无私帮助！

黄蔚（凯西姐）

于《好服务》成书之际